U0173243

海恩斯图解指南

气象爱好者手册

Meteorology Manual:
The Practical Guide to the Weather

[英] 斯托姆·邓洛普 (Storm Dunlop) 著

王超红 曹莹 译　王勇 杨红 审译

上海科学技术文献出版社
Shanghai Scientific and Technological Literature Press

图书在版编目（CIP）数据

气象爱好者手册 /（英）斯托姆·邓洛普著；王超红，曹莹译 . —上海：上海科学技术文献出版社，2023

书名原文：The Meteoroligy Manual

ISBN 978-7-5439-8740-1

Ⅰ . ①气… Ⅱ . ①斯…②王…③曹… Ⅲ . ①气象学—普及读物 Ⅳ . ① P4-49

中国国家版本馆 CIP 数据核字（2023）第 002268 号

Meteorology Manual: The Practical Guide to the Weather

Originally published in English by Haynes Publishing under the title: The Meteorology Manual written by Storm Dunlop © Storm Dunlop 2014

Copyright in the Chinese language translation (simplified character rights only) © 2023 Shanghai Scientific & Technological Literature Press Co., Ltd.

All Rights Reserved
版权所有，翻印必究

图字：09-2014-1051

责任编辑：夏　璐
封面设计：右序设计

气象爱好者手册

QIXIANG AIHAOZHE SHOUCE

[英]斯托姆·邓洛普 (Storm Dunlop)　著　王超红　曹莹　译　王勇　杨红　审译
出版发行：上海科学技术文献出版社
地　　址：上海市长乐路 746 号
邮政编码：200040
经　　销：全国新华书店
印　　刷：商务印书馆上海印刷有限公司
开　　本：787mm×1092mm　1/16
印　　张：10.5
版　　次：2023 年 7 月第 1 版　2023 年 7 月第 1 次印刷
书　　号：ISBN 978-7-5439-8740-1
定　　价：98.00 元
http://www.sstlp.com

目 录

第三部分　气象观测和预测

第四部分　术语表

引 言

在气象学家和气候学家之间流传着一句名言："人们期盼拥有宜人的气候，却不得不面临变幻莫测的天气。"在这本书里，我们主要探讨天气问题，包括它的成因，以及对它的观察与预测。但是，气候——这种长期形成于特定区域的天气环境——会对可能遇到的天气状况产生强烈影响，所以，这二者关系紧密。本书因此涵盖了一些有关气候问题的探讨，但并未就全球变暖和气候变化问题展开深入讨论。

精准的天气预测是一项极为繁琐的任务，尽管预测结果（和预测者们）经常会遭到严重质疑，但是预测的可靠度近年来大幅提升。人们普遍认为，在相对限定的区域内（如不列颠群岛），要预测未来几日的天气状况，并不需要掌握全球气候条件的详尽信息。在预测英国次日的天气情况时，掌握大西洋彼岸约4 800 km（3 000 mile）处的天气系统信息则显得尤为重要，大家或许更认同这一点。同样，对天气的观察不能仅停留在表面，还需深入了解大气的各个层面。

气温

在本书中，气温大多采用公制单位来表示（如摄氏度），但偶尔也会用到华氏度。需要注意的是，实际温度——那些通过温度计测量所得到的数字——会采用度数标志使之具体化，如"100 ℃"，同时还会用到"deg.C"（或"deg.F"）这样不同的温度单位形式来表示，如"−6 deg.C"。

背图 为卡特里娜飓风的卫星图像，摄于2005年8月28日 达到最大风力（5级）之时（NASA/GSF）

下图 形成于对流层顶的厚密砧状积雨云，在远处，一片早前的砧状云依稀可见（克劳迪娅·欣茨，Claudia Hinz）

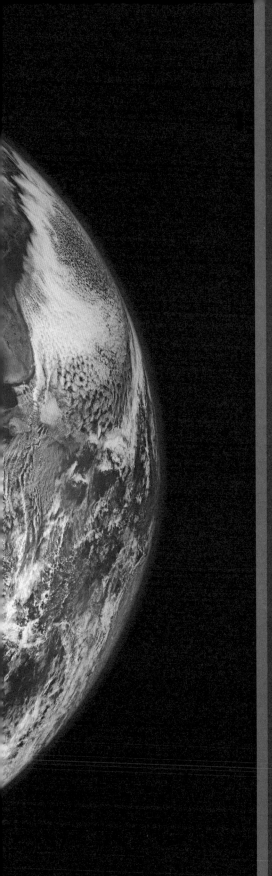

左图　这张地球的"蓝色弹珠"（Blue Marble）图像是由美国国家航空航天局（NASA）的Suomi-NPP极地轨道卫星在2012年1月4日的数次飞行中获得的数据组合而成。虽然没有任何戏剧性的特征，但复杂的云型暗示了在地表支配天气的许多因素。（NASA/NOAA/GSFC/Suomi NPP/VIIRS/诺曼·库林，Norman Kuring）

第一章

大气层

气温随着高度而变化，人们根据这种最常见的现象，将地球的大气划分为不同的层次。从温暖的大气表层到寒冷的行星际空间，大家直观上认为气温将逐步降低，但实际情况却并非如此简单。

气象学家们认为，大气中存在五个不同的层次。如下表所示，从表面上看，这五个层次程度相近，同时表中还附有另一种划分层，即电离层。

大气层	底　部	顶　部
对流层	地表	8 km 至 15 ～ 18 km
平流层	15 ～ 18 km 至 8 km	50 km
中间层	50 km	80 ～ 95 km 到 100 ～ 120 km
热层	80 ～ 95 km	200 ～ 700 km
逃逸层	200 ～ 700 km 以上	行星际空间
电离层	60 ～ 70 km	1 000 km 或以上

大多数的天气现象出现于对流层（即大气的最底层），以及平流层的最低处。最高处的云位于中间层的顶部，通常对地面天气没有任何影响。再往高处，就是热层和大气最顶部的逃逸层了，极地极光就出现在这里。在这些主要的大气层中，基于特定海拔的具体特点或结构组成，同时还细分了一些其他的层次。尽管它们与天气并无直接关联，但是其中最重要的电离层涵盖了部分中间层和热层。电离层自身也被具体细分为许多层，研究人员将它们分别命名为 D 层、E 层和 F 层等。

各大气层之间的边界（此处温度随着高度而改变，这样就会产生不同的变化）根据下方那一大气层的名称而命名（例如，中间层顶就是中间层的顶部边界线）。伴随着纬度与季节差异会产生具体的气象条件，因而它们的实际海拔也会发生一定限度的变化。在讨论全球大气环流时，我们可以了解到，对流层顶在赤道与两极之间的海拔波动尤为明显，在某些纬度上也有不同的变化。公认的大气边界海拔如下表所示。

海拔概述

虽然科学家们通常用米或千米来描述大气的海拔高度（如各大气层及其边界的海拔），但是航空业却一直用英尺作为标准化高度单位。世界范围内，飞机的飞行高度都用英尺表示，并且因为飞行与云层有着明显关联，因此云层高度也用英尺表示。本书在后面相关部分会对此展开进一步说明。世界气象组织（WMO，World Meteorological Organization）也将云层分为三个层次（etages），本书稍后会对此进行具体介绍。

大气边界

对流层顶	8 km（两极）至 15 ～ 18 km（赤道区域）
平流层顶	50 km
中间层顶	80 ～ 95 km（冬季）到 100 ～ 120 km（夏季）
热层顶	200 ～ 700 km

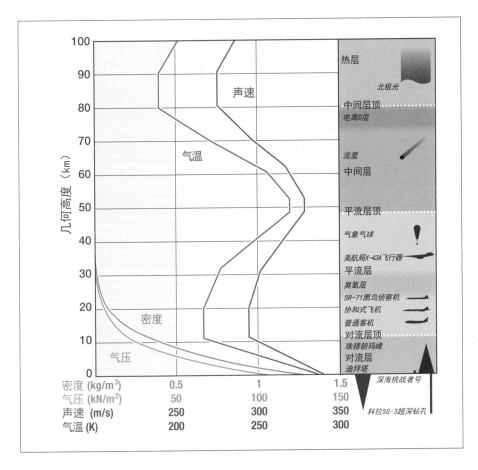

对流层

大气最底层被称为对流层（希腊人称之为"变化层"），大多数的天气现象均产生于此处。与地球的半径相比（赤道处6 378 km或3 963 miles，两极处6 357 km或3 950 miles），对流层显得极薄，在赤道区域的海拔仅15～18 km（9～11 miles），在两极处约为8 km（5 miles），有时甚至更薄。在对流层内部，大气纵横分布，从地表上升到对流层顶部的对流层顶，气温总体呈下降趋势。气压随着高度增加而不断递减，是这种降温现象产生的原因。（气温与气压之间的重要关系，对于天气的

上图　大气的整体结构图，显示了各大气层及其边界，以及气温剖面
（伊恩·穆尔斯，Ian Moores）

右图　大气层分布图
（伊恩·穆尔斯）

各个不同方面具有根本性的意义，因而这点将在稍后作出进一步的详细讨论。）从专业上讲，气温随高度的变化被称为递减率，在对流层里，递减率总休呈负值，高度平均每上升1 km，气温下降约6.5℃。正递减率则表示气温随着高度的上升而递增。

右图 冬季低矮的砧状积雨云。在约7 km海拔的对流层顶，它们的增长受逆温现象的制约
（作者）

在赤道与两极上空，对流层顶的海拔高度达到了极值（赤道上空对流层顶的海拔为15～18 km，两极上空对流层顶的海拔约8 km或以下），中间纬度地带的对流层顶高度则是这两者的中间值。对流层顶通常会在中高纬度区域产生两种不同的断裂。这些断裂能让对流层与平流层的一些气体得以交换。在罕见的情况下，也有可能会同时出现两个位于不同海拔的对流层顶，它们在某些有限的纬度范围内会发生重叠。

然而，总体上，对流层的气温降幅并不稳定，气温可能经历平稳或某种程度的直线回升（即逆温），才能恢复到整体下降的趋势上。这些降温变化（或气温逆转）现象对云层的形成至关重要。

平流层

到达一定的海拔，气温就不再随着高度的上升而下降了。人们现在把产生这一现象的那一海拔高度视为对流层的顶部。这一边界（对流层顶）上面的那个大气层则被称为平流层。

最初，在对流层顶的上部，即所谓的等温层（"同等温度"）里，气温保持不变——当到达50 km（31 miles）左右的海拔高度时，气温实际开始上升。最终出现这种升温现象的原因在于，平流层上半部分的阳光电离了氧原子，使其往下漂至一个较低的海拔（15～30 km），在那里利用化学反应释放的能量产生臭氧（O_3），从而使得周围的大气升温。这一"臭氧层"里的臭氧吸收了来自太阳的有害紫外线辐射，保护地表免受它的破坏性影响。人造化学物质分解了臭氧，导致了"臭氧空洞"，南极上空的这一现象尤为严重。

由于整个平流层的气温都在上升，所以这里的大气趋于稳定，这意味着它会保持在一个既定水平。这里基本上没有对流和湍流，云也很稀少。在平流层

右图 国际空间站在非洲西部上空拍摄的照片，显示了积雨云到达约15 km海拔处对流层顶的情景。一切明显的天气现象都发生在对流层之内，即15 km以下的那一大气层
（NASA）

较低处不乏一些例外情况，尤其是在有急流和巨大积雨云的区域。此外，珠母云（专业上称之为极地平流层云）出现在平流层的最底部。

中间层

在海拔约50 km（31 mile）处还存在另一重边界——平流层顶，平流层顶之上的气温再次随着高度的上升而下降。覆盖在平流层顶上的大气层被称为中间层，其上边界（即中间层顶）随着季节和地理位置的变化，高度也会发生相应改变。通常情况下其海拔为80～95 km，但当夏季两极附近产生上升流时，其海拔就会上升到100～120 km。大气的最低温度出现在这里，但有时又有些许变量，气温变化幅度在−163℃至−100℃（−261°F至−148°F）之间。大气中所观测到十分罕见的高层云，如夜光云和极地中间层云，均出现在中间层顶的下方。中间层的风在冬季的某段时间里会表现出极大的不稳定性，而夏季基本上不会出现这种情况。人们还发现，在同样短的一段时间内，

随着高度的巨大变化，（等压面）气压水平也会发生剧烈的变化。

热层和逃逸层

中间层顶的上部就是热层了，这里的空气密度非常小，以致原子和分子彼此鲜少发生碰撞，因而它们自身都能达到非常高的运转速率，这就促使了极高"气温"的出现。这些气温大多取决于太阳活动水平，其温度有可能高达1 500℃。然而，如此之小的空气密度，使得该区域内的任何物体几乎都无法承受高温的直接炙烤。热层的顶部是热层顶，其外部就是逃逸层，那里的原子（尤其是氢原子）能够达到足够的运转速率，以摆脱地球的引力场，并飘到行星际空间。热层顶的海拔变化幅度极大，根据太阳活动水平，其波动范围为200～700 km（124～435 mile）。

在上面的中间层和热层，太阳紫外线的吸收和X线的辐射致使原子发生电离（该区域的"电离层"因此得名），进而在不同气层里产生出高导电性。它们不仅屏蔽了某些无线电波的传入，而且

左图 拍摄于约克郡的珠母云
（梅尔文·泰勒，Melvyn Taylor）

© Terje Nesthu

上图　令人震撼的主极光全景图（泰耶·内斯蒂斯，Terje Nesthus）

使得某些波长的无线电波从电离层反射回地表，实现了远程无线电通信。人们通常认为，电离层的海拔可从60～70 km处（37～43 mile）延伸至1 000 km（约620 mile）乃至更高处。极地极光（北极和南极极光）通常出现在这个区域内，位于海拔100～1 000 km（62～620 mile）。

大气层的分法方式有多种，在讨论天气时，我们将主要关注对流层和平流层。

大气成分

在大气的最底层（即对流层、平流层和中间层），大气结构基本稳定。其主要成分如表所示。

大气的主要成分

气　体	体积百分比浓度（%）
氮气（N$_2$）	78.09
氧气（O$_2$）	20.95
氩气（Ar）	0.94
二氧化碳（CO$_2$）	0.03

还有一些其他的微量气体，如氖、氦、甲烷、氪、氢、一氧化二氮和氙。水蒸气成分很不稳定，含量为0%～4%。空气湿度的变化，以及水的其他属性，对许多天气现象的形成产生了极其重要的影响，本书稍后会对水的话题展开具体探讨（见第42页）。空气中二氧化碳含量的增加，必然会涉及"温室效应"即全球变暖和气候变化的相关话题。

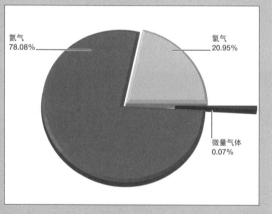

上图　大气成分的主要构成（伊恩·穆尔斯）

第二章

气压

由于气压对全球大气环流起主导作用，因而它能控制当前和临近的天气。任何位置的实际气压取决于其上方空气柱的重量。空气不同于水，它易于压缩，因此，气压和密度在地表处于最高水平，它们会随着海拔的上升而下降。然而，不论是气压还是密度，它们都与气温息息相关。如果一团空气被加热——气象学家们经常用"团"来形容空气，那么其个体分子就会变得活跃，进而运行速率加快。在一个密闭容器里，其内部气压会升高，而在自由大气中，气体会膨胀达到更大体积，所以其密度会降低。暖空气柱高度大于相应的冷空气柱。

气压的测量与记录

我们用气压计测量气压，早前曾经以英寸标示的汞柱高度值进行记录。目前还会偶尔使用到这种测量记录形式，尤其在一些美国的记录材料中。然而如今，在世界其他地方，包括在美国的气象预报里，一个名为毫巴（mbar）的单位正逐渐取代该测量记录形式，其名义上为 1 bar 的千分之一。1 bar 约为地球海平面位置的气压值。但是，在探讨巨行星（木星、土星、天王星和海王星）大气的极端气压之外，用巴来表示气压的情况很少见。事实上，为了统一标准，将地球海平面的平均气压值设定为 1 013.25 mbar。在大多数国家和气象预报中，气压均用毫巴（mbar）来表示。

从专业层面上讲，气压应该用标准公制单位帕（Pa）来表示，或者用其统一的倍数单位，如千帕（kPa）来表示。然而，由于帕是一个相当小的单位，为了方便，气象学家们通常用百帕（hPa）表示气压，其中 1 hPa 等于 100 帕。这样的表示方法大有好处，100 帕则等同于 1 mbar。

地表气压可用等压线图表示出来，最常见的是每隔 4 hPa，就用线连接等同的气压点。虽然这样的图表在确定当前和未来可能出现的天气时具有重要价值，但是使用适当的公式就能调整气压以适用于海平面。尤其在山区，它们与地面测量气压截然不同。为了方便气象预测和科学研究，根据大气的不同气压水平（等压面）产生了很多图表，而等高线则通常表示某一特定气压所在的海拔高度。这些图表上一般备注的气压值为 1 000 hPa，850 hPa，700 hPa 和 500 hPa。两个相邻水平之间的差异值被称为"厚度"，它表示某一特定层的气温水平。较大值表示深深的暖层，较小值则表示浅浅的冷层。在各气压值水平之间（包括地表），等压线越密集，风力越强劲。

正如前文所述，从地表上升到行星际空间，气压会自然而然地下降，这仅仅是由各大气层所承受的上覆大气压力的递减所致。从海平面到大约对流层的中间位置，气压从 1 013 mbar 降至 500 hPa 左右。在对流层顶，气压通常约为 200 hPa。在正常情况下，忽略如龙卷风和热带气旋这样的极端天气，海平面气压值处于 950 ~ 1 050 hPa，波动幅度约为 100 hPa。

第三章
全球环流

低纬度区域和极地地区之间所受太阳热量的不均衡，最终导致了全球各地形成多样化的天气系统。由环流圈、风和洋流构成的复杂天气系统远不只是进行整体循环那么简单，它还要从赤道地区向较凉爽的低纬度区域传输热量。

热量借助风力系统从热带向两极传输，是整个全球环流形成的原因。风力和风向主要取决于三个因素：

■ 两个气压点之间的气压差（称为气压梯度）。这种气压差通常由温差所引起，进而生成不同密度的气团。
■ 地球的自转。
■ 与地表的摩擦。显然，摩擦量取决于流动空气下方的地表性质。

以上这些因素都在整个全球环流中发挥了十分重要的作用，但是地球自转在当地风力系统中的影响力只具有偶然性的意义。

世界各地的气压

世界各地因太阳辐射引起的受热差异，促使了地表气压差的形成。从赤道到南北纬约40°的区域内，得到的热能比失去的热能多。同时，从该纬度区域到两极地区，失去的热能则比得到的热能多。尽管随着四季更替和岁月变换会产生自然而然的变化，但是整体模式仍然保持着年复一年的相似性。海洋温度对全球气候也有一定的影响。虽然两季之间的海洋温度变化往往滞后于地表温度变化，但是这种变化也是十分显著的。

在气温模式转化为气压模式后，该气压模式决定着全球风力系统的总体布局和方向。在热带区域内有个低压区（即赤道槽），它位于赤道和南北纬

风向的转变

在描述短期内的风向转变时（如通过锋面系统），常会用到两个术语。需要注意的是，它们均适用于南北两个半球。它们是：
■ 顺转——风向的顺时针转变，如从东到南。面朝向风时，它向右移动。
■ 逆转——风向的逆时针转变，如从西到南。面朝向风时，它向左移动。

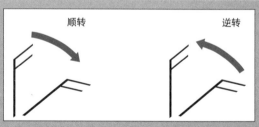

上图　顺转为风向的顺时针转向，而逆转是风向的逆时针转向
（伊恩·穆尔斯）

5°～10°，那里的热空气一直持续上升。在南北纬25°～30°的区域内有个高压区（即亚热带气旋），那里的空气持续下降；在南北纬40°～70°的区域内有个温带低压区；南北纬约70°以外的两极地区则是高压区。

有些气压特征在某些特定区域内是永久性的，有些则是半永久性的，在这些特定区域内会一直出现这些特征。它们被称为"大气的活动中心"，因为它们会对周边区域天气系统的发展产生显著的影响。在亚速尔群岛（Azores）和太平洋高地（Pacific Highs），以及冰岛和阿留申群岛低地（Aleutian Lows）这些典型区域内，它们的气压特征大都永久稳定。而在北半球冬季的加拿大和西伯利亚高地，以及北半球夏季的亚洲低地内所形成的气压特征则是半永久性的。南极反气旋是种常年性的气压特征，而该特征只突显于北半球冬季的北极严寒高压地区。

环流圈

1686年，埃德蒙·哈雷（Edmond Halley，因哈雷彗星而著名）第一次正式提出大气环流这一概念。他指出，暖空气在赤道上升，然后从周围区域吸进冷空气，由此说明了信风长期存在的原因。他发表了第一个气象图表，该图表显示了热带地区和邻近纬度区域的风力系统。尽管他对整个大气环流所作出的解释存在错误，但是他提出大气环流是由温差所引起的观点准确无误，所以有时他仍被称为"动力气象学之父"。正如哈雷提出的那样，非自转的行星会出现经向环流（从北到南），而金星的确出现过类似的环流，它有着极其缓慢的自转周期，该周期长243天。

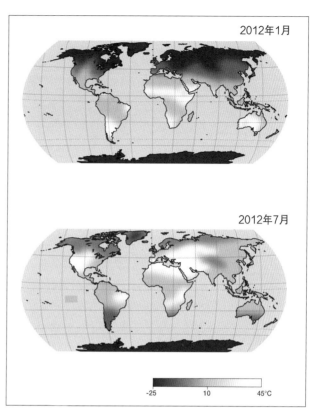

上图 2012年1月和7月的全球气温分布状况（伊恩·穆尔斯）

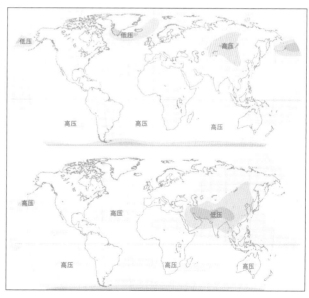

上图 1月（上）和7月（下）的全球平均气压分布图（多米尼克·斯蒂克兰德，Dominic Stickland）

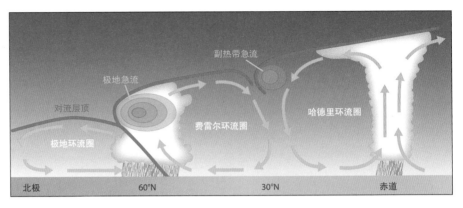

右图 北半球三个大气环流圈的横截面示意图
（多米尼克·斯蒂克兰德）

极地急流
对流层顶
极地环流圈
费雷尔环流圈
副热带急流
哈德里环流圈

北极　　　　60°N　　　　30°N　　　　赤道

　　1735年，乔治·哈德里（George Hadley）指出，在南北半球各有个巨大的环流圈，该处的暖空气上升到赤道上空，然后在高空以同样的高度朝两极扩散，之后到达中纬度地区，在那里暖空气冷却并下沉。随后，冷却下沉的暖空气在低空流回赤道区域，从而形成信风。虽然哈德里提出单个经向环流圈的概念是错误的，但是他作出了正确解释，指出由于地球的自转，集中在赤道区域的东北信风与东南信风，会在径直自北向南（和自南向北）的流动方向上发生偏移。然而，他无法解释出现于中纬度地区的持久西风带。因此，在解释经向环流时，他指出这种环流与强劲的纬向环流不同，它是一种沿着经线自北向南和自南向北走向的环流。

　　最终证实了的是，在南北半球各有三个主要的环流圈。在其中一个环流圈内，暖湿空气在赤道区域上升，在南北纬25°～30°的中纬度地区下降。出于对哈德里所作贡献的认可，这个特殊的环流被称为哈德里环流圈。它大体上是一个封闭的循环圈，其中的空气通过对流的驱动，在南北纬25°～30°的区域内下降，并返流回赤道区域，成为信风。这一环流圈在赤道区域上空高15～18 km的对流层顶处尤为庞大。

　　东北信风和东南信风交汇的边界被称为热带辐合带（Inter-Tropical Convergence Zone，ITCZ），它以一系列延伸至与赤道接近平行的云朵形态呈现，在卫星图像上经常清晰可见。

　　另一个环流圈，即极地环流圈，它出现在极地地区，那里密集的冷空气在地表向四周扩散并流向低纬度区域。尽管这个圈因受限于深约8 km的低极地对流层顶而显得相对浅窄得多，但即使是在南北纬60°附近，也仍存有一定的太阳热量，于是在此处再次形成了一个弱对流的封闭循环圈。

　　不管是哈德里环流圈还是极地环流圈，它们两者都是热力直接环流，也就是说，它们均由温差驱动。

　　在这两种环流圈之间存在着第三种环流圈，即费雷尔环流圈（Ferrel cell，以第一个假定其存在的气象学家威廉·费雷尔的名字命名）。与另外两种环流圈不同，费雷尔环流圈是热力间接环流。换言之，它主要依靠另外两种环流圈的环流驱动进行流通。它的运行必须建立在完成整个全球环流的基础之上。所有的空气并非都会在南北纬25°～30°下降，并形成信风返回赤道，有些空气会一直向两极扩散，直至遇到极地环流圈的环流。在那里，它们会从地表向上升起，其中大多数空气会以此高度流回南北纬25°～30°区域，但也有一些空气会被带入极地环流圈的环流之中。极地环流圈和费雷尔环流圈汇合的区域是个极其重要的大气边界，它被称为极锋，主要影响着天气系统的发展和运行。

　　虽然最初环流在总体上被认为是种经向环流，其气流在自北向南的基本平面上运行，但是其实在这三种环流圈内，空气都不是径直向北或向南流动。那里一直存在着大量的纬向气流。地球的自转才是这一现象的根源：哈雷忽略了这一点，哈德里对这一点也曾给出错误的解释。在急流里也有一些非常重要的纬向气流，南北半球极其强劲的风力系统吹向环流圈边界附近的对流层顶下部，位置约在南北纬30°（副热带急流）和60°（极地急流）附近。尤其是极地急流，它极大地影响着地表气压系统的发展和运行。

科里奥利效应

通过科里奥利效应（Coriolis Effect），地球自转影响风和洋流（以及其他移动物体如炮弹和导弹等）的运行方向。这一效应适用于所有以旋转物作为参照来观察运动物体的情况（比如一位观察者站在旋转的地球上会经历的情况）。法国科学家加斯帕·古斯塔夫·科里奥利（Gaspard-Gustave Coriolis）是用数学方法描述这一效应的第一人，随后该效应便以他的名字命名。

这一效应的结果是，本会沿着直线运动的物体，看起来却沿着弯曲的线路运动。虽然该效应发生于三维空间，但是却常见于地球表面二维空间的风力系统和气压系统的空气运动中。这个水平分力通常被称为科里奥利力。为了便于理解，我们用简单的赤道气团和南北极气团来探讨这一问题。在赤道区域，一个静止的气团随着地球的自转而向东移动，由于地球在24小时内以40 074 km（即24 900 mile）的速度进行自转，因而其周转速率约为1 670 km/h（约464 m/s），而一个位于南极或北极的气团根本没动力向东移动，它只能绕着地轴旋转。以北半球为例，如果赤道气团处于一些令它北移的气压梯度中，该气团虽会保持向东运动的高速率，但远离了赤道，气团下部表面空气的运动将变缓。相对经线而言，该气团会向东移动。从地球上观测者的角度而言，空气一直向右弯曲流动。如果

气团南移至南半球，也会出现完全相同的现象，只是该气团看起来会向左移动。

在南北极，不存在气团向东移动的情形。（以北极为例）如果空气开始向赤道流动，那么它向东移动的速率就为零，这样会出现空气下部的表面气团以更快的速度向东移动的情况，气团将会再次向右弯曲移动。南极的情况也是如此，但此处的气团将会向左弯曲移动。需要注意的是，这是种高度简化的描述。实际上，由于在地球任何地方都存在着与气团相关的自转运动，因而科里奥利效应随处可见（在南北极，地球自转力度达到最大值；在赤道区域，该力度则为最小值或为零）。最重要的是，无论气团是进行经向运动（自北向南）还是纬向运动（沿纬线），都会产生这一效应。

换句话说，北半球的风向是自东向南（朝顺时针方向吹动），而南半球的风向则是自西向南（朝逆时针方向吹动）。

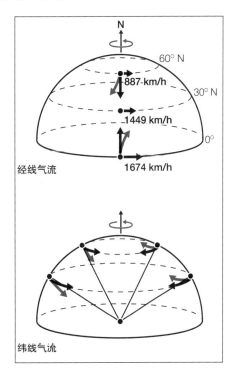

上图 科里奥利效应作用于经线气流（上）和纬线气流（下）时的情形
（伊恩·穆尔斯）

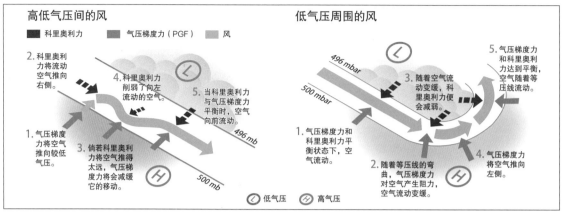

高低气压间的风

■ 科里奥利力　■ 气压梯度力（PGF）　■ 风

2. 科里奥利力将流动空气推向右侧。

4. 科里奥利力削弱了向左流动的空气。

5. 当科里奥利力与气压梯度力平衡时，空气向前流动。

1. 气压梯度力将空气推向较低气压。

3. 倘若科里奥利力将空气推得太远，气压梯度力将会减缓它的移动。

496 mb

500 mb

低气压周围的风

496 mbar

500 mbar

5. 气压梯度力和科里奥利力达到平衡，空气随着等压线流动。

3. 随着空气流动变缓，科里奥利力便会减弱。

1. 气压梯度力和科里奥利力平衡状态下，空气流动。

2. 随着等压线的弯曲，气压梯度力对空气产生阻力，空气流动变缓。

4. 气压梯度力将空气推向左侧。

Ⓛ 低气压　Ⓗ 高气压

⟹ 风

⟹ 气压梯度力

⟹ 科里奥利力

⟹ 摩擦力

❶ 摩擦减缓风速。

❷ 变缓的风削弱了科里奥利力。

❸ 科里奥利力现在弱于气压梯度力。

❹ 风以逆时针方向朝低压中心螺旋前进。

上图和右图　显示的是当空气可以自由流动时，在高压和低压系统周围海拔的空气，在高低气压间的流动方式
（多米尼克·斯蒂克兰德）

左图　空气与地表的摩擦改变气流，使它向低压中心螺旋上升的方式
（多米尼克·斯蒂克兰德）

下图　急流层的梯度风经过低压区的方式
（多米尼克·斯蒂克兰德）

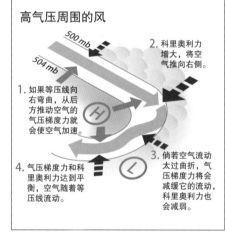

高气压周围的风

500 mb

504 mb

2. 科里奥利力增大，将空气推向右侧。

1. 如果等压线向右弯曲，从后方推动空气的气压梯度力就会使空气加速。

3. 倘若空气流动太过曲折，气压梯度力将会减缓它的流动，科里奥利力也会减弱。

4. 气压梯度力和科里奥利力达到平衡，空气随着等压线流动。

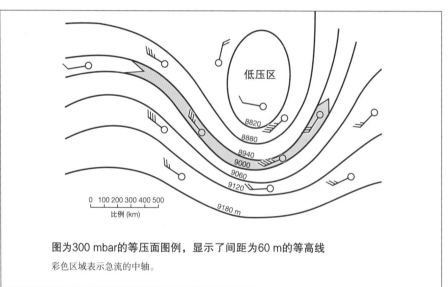

低压区

8820
8880
8940
9000
9060
9120
9180 m

0 100 200 300 400 500
比例 (km)

图为300 mbar的等压面图例，显示了间距为60 m的等高线

彩色区域表示急流的中轴。

在赤道区域，科里奥利力处于最小值。实际上，其力度大小与纬度的正弦函数成正比，因此在赤道区域，它的大小为零（sin0°=0）；而在南北两极，它则达到最大值（sin90°=1）。同时，科里奥利力的大小还会随着空气水平速度的变化而发生改变（速度越大，力度越大），并且它一直与运动方向呈直角。这就是为什么在初始的风力系统远离赤道之后，才会形成热带气旋（如飓风、台风等）的原因。

科里奥利效应很微妙，通常它只对远距离或长时间的天气系统产生影响。在气象学中，该效应在大范围的气象系统中显得十分重要（例如一个可能覆盖几百千米的低压区），但它在小范围气象系统中的影响力则可以忽略不计。例如，对于直径约1 km的龙卷风，它并不会起到明显的作用，而那里的气压梯度力和其他旋转力却重要得多。

科里奥利效应会产生一个非常重要的结果，它最初会令人感到十分惊奇。气压梯度力会使等压线上的空气从高压流向低压，但科里奥利力即刻就会发生作用，引起空气向右转向（在北半球）。这两股力量最终会完全平衡。这就导致空气沿着等压线流动，而不是穿过等压线流动。这在自由大气中是种普遍的现象，也就是说，它不受地表的影响。这种自由流动的风被称为地转风，

它通常出现在海拔约500 m以上的海洋上空，以及高度为1 500 m左右的陆地上空。

在低空，空气与地表的摩擦对风速的减缓有一定作用。因为科里奥利力与风速成正比，相对气压梯度力，它的力度会有所减弱，所以科里奥利力的曲率会变小。气压梯度力相对变强，空气开始在等压线上流动。（在北半球）结果是，空气以逆时针方向流入低压区的中心，并以顺时针方向流出高压区（在南半球以相反方向）。其弯曲程度取决于与气流的摩擦量，海洋上空曲率较小，陆地上空曲率较大。在海洋上空，其方向上的差异可能达到10°～15°；在陆地上空，该差异高达40°～50°。在局部的科里奥利效应中，我们可以看见这些差异。例如，在海洋上空，一阵长风袭卷海岸线的地方，过多的摩擦力可能致使内陆风速变缓并引发大量回流。同样，当气流在海面分散时，近海风可能会加速并朝顺时针方向转向。

低压中心的大方向定位可能取决于拜斯·巴洛特定律（Buys Ballot's Law，它以荷兰气象学家C.H.D.拜斯·巴洛特的名字命名，他是明确提出这一定律的第一人）：“背对风站立，你的左边就是低压中心（这当然是指北半球的情形）。”这只是一个大致情况，由于摩擦效应，实际的低压中心并不就在你左侧，而是位于前方更远处。

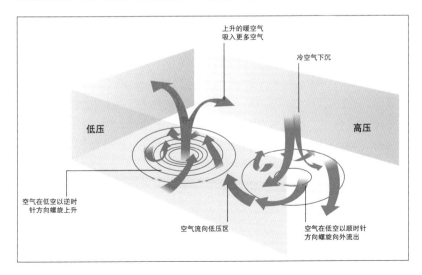

上升的暖空气
吸入更多空气

冷空气下沉

低压

高压

空气在低空以逆时针方向螺旋上升

空气流向低压区

空气在低空以顺时针方向螺旋向外流出

左图　空气流入、通过以及离开高低气压系统的方式示意图（多米尼克·斯蒂克兰德）

右图 1月和7月的
全球典型风型
(多米尼克·斯蒂克兰德)

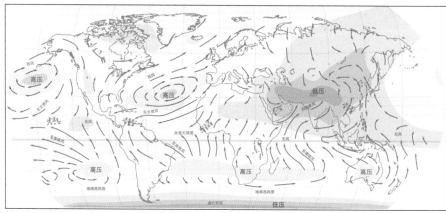

科里奥利效应与全球环流

在科里奥利效应的影响下，全球环流圈内的环流大气不会直接流向南北方。在北半球，哈德里环流圈内在赤道上升的空气，在约同一高度上自北向东流动，在25°～30°N附近下降，之后随着东北信风，在地表流回赤道。在赤道槽信风交汇（在热带辐合带）处，海洋上空的风往往很轻，且风向多变，该地带被称为赤道无风带（doldrums）。

在北半球极地环流圈，从北极流出的密集冷空气形成了极地东风带。在中间的费雷尔环流圈内，在25°～30°N下降并流向北极的空气，会向东弯曲，并进一步强化盛行西风带，该西风带主要集中在30°N至60°N间的中纬度地区占据支配性地位。南半球也会出现类似的情况，由于没有陆地干扰到它们在全球范围内的流动，所以此处的西风带甚至更为强劲持久。此处所产生的强劲持久风带被称为咆哮西风带（roaring forties），进一步往南，会出现那些常被称为"可怕的南纬50°带"和"尖叫的南纬60°带"的风带。它们在南半球受到南极锋的制约，在那里，极为寒冷密集的东南风带从南极顺流而下，离开南极。以南极锋划分的大气边界，常位于60°～65°S，有时可能会一直向前延伸，直到近乎完全环绕住地球。

在北半球的夏季，刚才所描述的简单风型，在印度洋和西太平洋上空却格外曲折。该现象的成因源于亚洲低压的发展，内陆的剧烈升温产生了这一热低压。在一定程度上，它从周边区域吸入空气，使得热带辐合带难以辨认，并令空气跨过赤道流入内陆。正是风的这种逆转，形成了印度及其周边国家的季风体系，冬季是通常干燥的东北风气流，到夏季就转变为温暖湿润的西南季风，该季风的来临往往伴随着倾盆暴雨。这一季风的逆转在印度洋西北部上空表现得尤为强烈。在世界其他地方，如美国西南部上空，就存在着强度稍弱的季风系统。

季节交替引起了盛行风型的改变，这一现象所产生的最显著影响要数亚洲降雨型的变化。降水沿着热带辐合带向南北移动，然而特别的是，在北半球的亚洲，冬季（当西伯利亚高压盛行时）的降雨量较小，气候干燥；而夏季的降雨量则变大，气候湿润。

虽然世界上大多数的盛行风主要由不同纬度所受到的太阳热差所引起，但是某些重要经向环流的出现，通常是基于这一原理的驱动：水相较空气吸入的热量更多，释放的速度更慢（这点对稍后探讨的局部风很重要）。温差往往会增强一些现有的风型，这点在太平洋体现得尤为明显。在那里，热带辐合带信风正常汇合后有所增强，发展成为沿着赤道运行的东风。

洋流

全球风型作用于海洋上层，引起了表面洋流。这些洋流将热量从热带分散到极地地区。由于海洋的埃克曼效应（Ekman Effect），洋流方向略微偏离于实际风向。

在每个主要的海洋盆地里，都有一个重要的环流（称为流涡），它在北半球呈顺时针方向流动，在南半球呈逆时针方向流动。这些流涡不对称，随着西部洋流，流向南北两极（称之为西边界流），相比向南流动的东边界流，它的流道更窄，流速更快。西部洋流将大量的热量传输至南北两极，其中大部分热量转化为南北极上空的空气。东边界流的流道通常更宽，温度更低，它能促使底部海水形成上升流（通常伴随着大渔场的出现）。尽管这主要影响到那些与赤道近乎平行且向西流动的流涡，但是随着季节的变化，洋流会发生流速上的改变，它在纬向上也会产生一定的位移。在赤道地区，也有一些向东流动的表面逆流，它位于相应纬度的流涡主流之间。

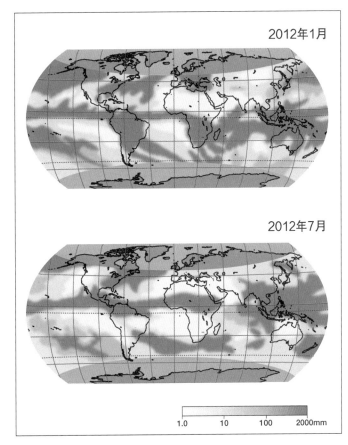

2012年1月

2012年7月

1.0　　10　　100　　2000mm

上图　1月和7月的全球平均降水量分布图
（伊恩·穆尔斯）

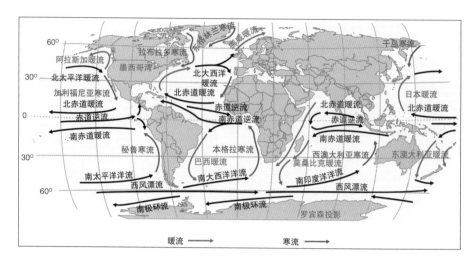

右图 一些主要的洋流
（伊恩·穆尔斯）

气候

在洋流和大气环流热传导的共同影响下，全球产生了各种各样的气候体系。地球上任何区域的气候，仅主要与当地的纬度有关，也取决于它在大气活动中心所起的作用、与海洋的距离（海洋性或大陆性）、它的海拔高度，同时也受到当地地形的影响（邻近山脉或是其他因素的影响）。气候的分类有多种方案，但最常见的是柯本（Köppen）气候分类法［有时称之为柯本·盖革（Köppen-Geiger）系统］。该分类法基于年度和月度的气温幅度、平均降雨量（尤其是季节性变化）、风况和整体的植被类型。对分类系统的复杂性，我们在这里不需要作过多的探讨。但是有两个十分普遍的气候类型值得我们关注：大陆性气候与海洋性气候。

在副热带高压（位于25°～30°N的重要大气活动中心，在前文有所提及）中下沉的空气转暖，并变得不再那么潮湿。世界上几大主要的沙漠，尤其是撒哈拉沙漠和阿拉伯沙漠，还有美国西南部的小沙漠区，均位于这一下沉空气区的下部。在南半球，由于陆地区域较小，所以副热带高压所带来的影响比较有限，但它们为非洲南部喀拉哈里沙漠（Kalahari）和澳大利亚中部沙漠的形成创造了条件。

由于靠近寒流和上升流，也出现了一些其他的沙漠区。由于海水冰冷，从而导致其上空的水蒸气不足。这样一来，即使风离开了海洋，但其附近海岸仍会干旱少雨。这种情况在南半球尤为普遍，那里的阿塔卡马（Atacama）沙漠是地球上最干旱的地方，它从邻近的太平洋接收到极少的降水，那里的秘鲁寒流及其相应的底部冷水上升流表现得尤为强劲。非洲南部的本格拉寒流（Benguela Current）也产生了类似的效应，这一效应形成了纳米布（Namib）沙漠的干旱气候条件。在北大西洋，加那利寒流（Canary Current）由于受到撒哈拉沙漠下沉空气的影响，因而几乎不会在非洲西北部上空产生任何降水。

其他一些沙漠地区，尤其是亚洲腹地的戈壁沙漠及其周边区域，由于它们距海太远，以至于大部分气流在深入内陆前就已干燥，因而此处几乎无法获得降水。此外，从专业上讲，南北两极，尤其是南极，其实都是"沙漠"，因为那里的降水量低得惊人（尽管在内陆地区，每年都只有少量的降雪，但是巨大的东南极冰盖已经经历了数百万年的积累）。

与此相反，暖流将热量传输给上方的空气，从而使其邻近海岸比同一纬度上的其他地区更为温暖湿润。围着阿拉斯加湾以逆时针方向运动的阿拉斯加暖流，会在北美洲的西北部（美国的俄勒冈州、华盛顿州和阿拉斯加州，以及加拿大的不列颠哥伦比亚省）形成一种海洋性气候。

在南半球，暖流在南美洲的东海岸（巴西和阿根廷）、非洲南部（莫桑比克和南非）和澳大利亚（此处的山地大分水岭，使海岸和西部干燥内陆间的气候形成强烈的对比）形成了温和湿润的气候（及相应的天气）。

急流

虽然在地球周围有一股普遍的纬向气流，但是在该气流内部有一些急流，它们呈现为快速流动的窄带状气流，其中最重要的急流位于对流层顶的附近。它们可能数千千米长，数百千米宽，但只有几千米深。急流指的是那些流速超过 25 ~ 30 m/s（即 90 ~ 108 k/h 或 56 ~ 67 m/h）的气流。和风接近地表的情况一样，急流的出现，往往伴随着巨大的温差，以及由此产生的密度差和气压差。重要的急流往往出现在那些主要环流圈的边界处。在由此形成的气压梯度和科里奥利效应的共同作用下，产生了强劲的西风急流。

在南北各半球主要有两种西风急流：第一种是极地急流，它位于海拔 7 ~ 12 km 处（即 23 000 ~ 39 000 ft），处在南北纬 40° ~ 70°。由于受极锋边坡的影响，极地急流一般位于地面锋的极边。第二种是副热带急流，它的强度较弱，所处的海拔更高，为 10 ~ 16 km（即 33 000 ~ 52 000 ft）（与极地急流不同，它不受地表锋面系统的影响）。它们的大致位置在后文图表中有所标示。当然，急流的强度在很大限度上取决于现存的温差。出于这个原因，极地急流

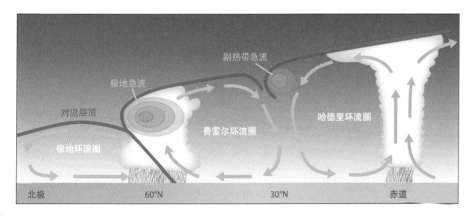

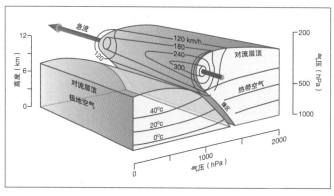

上图 锋区（在北半球极锋）的三维图，显示了位于极锋两侧的对流层顶的不同高度，以及强劲的极地急流的位置（伊恩·穆尔斯）

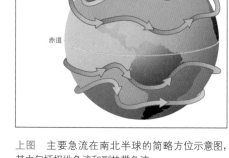

上图 主要急流在南北半球的简略方位示意图，其中包括极地急流和副热带急流（多米尼克·斯蒂克兰德）

往往比副热带急流更为强大。同样，在冬季，当极地空气变得格外寒冷时，由于南北极圈内缺乏阳光和太阳热量，因而极地急流的强度（更是）进一步加大。

还有一些其他急流。在北半球的夏季，热带东风急流（即赤道急流）有时会形成于东半球10°N附近，海拔15～20 km的上空，那里的温差极为明显，此时最寒冷的空气实际位于赤道区域上空。该急流不会延伸至西半球。同样也在夏季的同一纬度，在非洲上空可能会形成另一种强度较弱且范围广的急流，其海拔略低（4～5 km）。它对天气系统的发展有着重要影响，该天气系统可能会在大西洋上空进一步形成热带气旋（飓风）。在海拔较高处也会出现各种各样的急流，例如形成于北半球冬季的极夜急流，它位于60°N附近，海拔约25 km。前文提到过形成于夏半球的赤道急流，极夜急流其实就是它的对应流。

急流并不是连续地环绕着地球。它们在流速上可能表现出时而稳定、时而急剧的变化，这些急流有时会消失，有时又会再现。它们可能突然或逐渐开始流动或停下来；也可能一分为二（此情况下称之为分流）；还可能合并成单股急流。特别是，它们通常表现出不同纬度的变化。这些急流可能转向北或向南流动，有时甚至可能短暂地向东流动。尤其是沿着极锋发展的天气系统，其形成、运行和减退很大程度受到极地急流的影响。

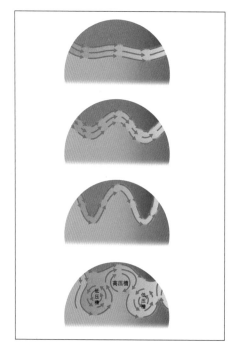

右图 急流曲折的发展及其封闭的循环（伊恩·穆尔斯）

不论位于多高的海拔，急流都会在某种程度上受到其下方地形的影响。尤其是北半球的极地急流就体现了这一点，它深受北美洲西部的落基山脉的影响，也受乌拉尔山脉和青藏高原的影响。整条山脉跨过急流之下，即使急流处于高空，也会引起垂直波，还会产生不同的纬度波。比如，经过计算假设落基山脉不存在，那么极地急流就可以更直接地跨越大西洋，向北或向南的曲线流动就会减少，从而使天气系统从北大西洋洋流和北大西洋漂流里获取的热量更少，最终在西欧造成更低的气温环境。急流在冬季进一步往东运行，路径通常会位于青藏高原南部和喜马拉雅山脉。尽管西南季风主要是由夏季塔尔（Thar）沙漠和印度周边地区的酷暑所驱动，但当急流改变其流动线路，转向该山区地块的北侧运行时，此急流有助于引发西南季风。

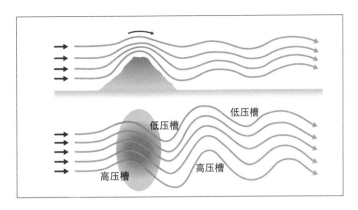

上图　遇到山峰阻碍的急流运行侧面图（上）和平面图（下）（伊恩·穆尔斯）

辐合和辐散

到目前为止，除了在讨论全球环流圈时，我们主要考虑的是水平气流，它是一种地表风型。然而，垂直的气流运动对单个天气系统也会产生重要的作用。它们的出现可能伴随着基本的大气对流、辐合或辐散。

当地表受热时，无论是在赤道区域的陆地与海洋上空，还是在受热地面上空，对流使空气上升，令地面产生低压，从而引起暖低压，赤道槽的情况便是如此。相反，在极地区域上空或在大陆中心区冷却的空气，会在冬天下沉，在地面产生一个空气外流的冷高压区。

如果空气在地面辐合，显然它无法在那里积聚，那么它就得被迫上升，然后会在高空辐散。如果不存在地面受热的情况，那么就会产生一个冷低压或普通低压。相反，倘若高空的辐合迫使空气下降，那么它就会和平时一样，在暖高压里变暖，并在地面产生高压。

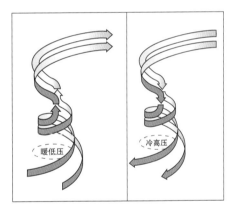

左上图　处于暖低压（左）和冷高压（右）中的整体气流（伊恩·穆尔斯）

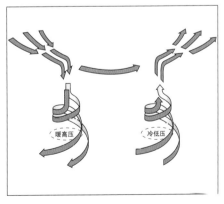

左下图　处于暖高压或反气旋（左）和冷低压或普通低压（右）中的整体气流。该图还显示了暖高压上空的典型辐合，与冷低压上空的典型辐散（伊恩·穆尔斯）

高层大气里的纬向气流长波也能产生辐合和辐散区，尤其是存在急流形成条件的地方。辐合或辐散对于地面环境、高压区和低压区的发展与消退都具有强烈的影响——也就是说，它会极大地影响到气旋（低压）和反气旋。

确切的影响还是要取决于主要纬向气流所处的海拔高度。在对流层顶部，平流层底部的逆温阻挡了大股空气朝上流动，因此倘若此处出现辐合，那么空气就会被迫下降。随着对流层中部的辐合，一些空气可能会上升，其余则会朝地面下沉。空气辐散时会出现相反的情形。在对流层中部，大气会从较低处向上吸入一些空气来填补它可能流失的部分。这可能会导致地面低压区（气旋或低压）的形成或强化。同样，较高处的辐合会迫使空气下降，这一现象往往会强化现存的一切高压区（反气旋）。更重要的是，它会加速地面低压的减退。

在某些海拔上（这取决于具体的条件），上升至地面低压中心处上方的空气，能够产生辐散现象：空气向外流动。在某些情况下，例如主要的

上图　2005年8月28日，卡特里娜（Katrina）飓风摧毁新奥尔良之前的景象
（NASA）

热带气旋，即暖低压，它从天气系统顶部开始流动的空气体积非常大，以至于科里奥利效应在此发挥了作用，并且它的流出方式与地面反气旋一样。因此，它在北半球呈顺时针方向流动。

在某些情况下，这两种机制可能都会发挥作用，例如在热带辐合带，来自南北半球的信风汇合在一起，并接近赤道。在那里，辐合的空气转向上升流动，在地面升温的协助下，形成了哈德里环流圈的上升支。相比之下，辐散发生于副热带高压下方的地面，其中，副热带高压位于哈德里环流圈的下降支。

气团

倘若空气在合适的一段时间内，在地球上某一区域上空保持固定不变的状态，它往往会通过其空气体积的大小来假定它的具体特征（尤其是相应的气温和湿度）。同时，它也会得到一个特定的气温递减率。这样的一团空气被称为气团，它所产生的区域被称为源地。主要的源地有半永久高压区（副热带高压和极地气旋），和形成于冬季的大陆反气旋。

按气温划分，主要可分为四类源地。它们（以单个字母的标准缩写形式表示）分别是：

■ 北极圈和南极圈（A）
■ 极地（P）
■ 热带（T）
■ 赤道（E）

为了把南极气团与北极气团区分开来，南极气团有时会指定用字母AA表示。

此外，还有两种基本的气团类型：海洋气团（m）和大陆气团（c），气团的类型可根据其形成于海洋或陆地上空来判定。意料之中的是，海洋气团的湿度大于大陆气团的。

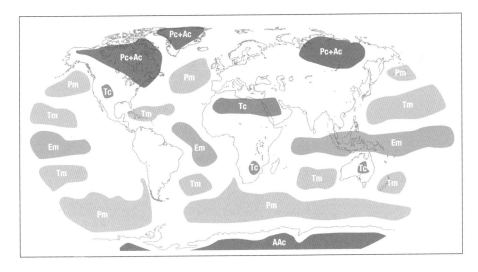

AAc 南极大陆气团
Ac 北极大陆气团
Am 北极海洋气团
Em 赤道海洋气团
Pc 极地大陆气团
Pm 极地海洋气团
Tc 热带大陆气团
Tm 热带海洋气团

左图 气团源地
（多米尼克·斯蒂克兰德）

当这些特性结合在一起时，主要会产生七种类型的气团（再次以标准的字母缩写形式表示）：

■ 北极大陆气团（Ac）   极其寒冷干燥
■ 北极海洋气团（Am）   极其寒冷湿润
■ 赤道海洋气团（Em）   炎热湿润
■ 极地大陆气团（Pc）   寒冷干燥
■ 极地海洋气团（Pm）   寒冷湿润
■ 热带大陆气团（Tc）   炎热干燥
■ 热带海洋气团（Tm）   温暖湿润

注意：在许多气象学的资料中，包括近期的一些相关资料，仍会使用到以前旧的记录形式，其中字母和单词的顺序是颠倒的，例如，"极地海洋气团"的缩写形式为 mP。

气团分类中没有赤道大陆气团，因为在赤道区域没有可以形成极热干燥空气的陆块。南极大陆气团（AAc，极其寒冷干燥）常年出现在南极洲上空。然而，北极大陆气团（Ac）只出现于冬季的北极，那时候的海水都被冰封了。当北冰洋的冰消融后，那里便会出现北极海洋气团（Am）。其他类型的气团全都常年存在。

不同的气团都有一个非常重要的特征，即它们的稳定性。由于极地气团可以接触到下方的冰冷地面而得到冷却，因此十分稳定。相比之下，由于受到下方炎热地面的热量辐射，热带气团不太稳定。（后文将会更详尽地讨论气团的稳定性与不稳定性的问题。）

各种源地与名为大气活动中心的半永久气压特征密切相关，这一点在前文中已有描述。空气基本上会在此处作长时间的停留，由此获得其特征。除了形成于北半球冬季的加拿大和西伯利亚高压，绝大多数的大气活动中心常年存在（在不同限度上）。

在气团最初离开源地时，它会保持它的特征温度、湿度和气温递减率，但随着时间和距离的变化，根据气团运行下方地面的性质，它们会逐渐发生改变。由于海水表面的蒸发，海洋上空的空气将会变得更加湿润，特别是最底层的那些空气更是如此。相比之下，在陆地上空，尤其是在巨大大陆区域的上空，那些运行轨迹很长的气团将会保持干燥。气团下方的地面温度也会产生重要的影响。运行于较温暖地面上空的冷空气（北极圈或极地），将会受热于下方的地面。因此，其偏下层的空气往往会变得不太稳定，并受到对流的影响；而在寒冷地面上空运行的暖（热带）空气，其最底层的空气会冷却下来，并变得稳定。气团扩散深度的不同也会改变其运行：相比暖气团的冷却，冷气团从下部所受的热量能向更深的气层扩散，这一点仅限于与地面进行直接接触的那一气层。当然，根据季节的变化，以及陆地或海洋上空气团运行轨迹的长短，它们往往也会产生一些影响上的差异。例如，接近不列颠群岛的热带大陆气团，在夏季往往非常温暖甚至炎热，并相对干燥，而在冬季则会变得更为凉爽湿润。

某些地区也会受到变性气团的影响，该气团被称为"回流气团"。在不列颠群岛，经常会遇到来自格陵兰岛和加拿大北部地区的极地海洋气团（Pm）。它在大西洋上空有段特别长的运行轨迹，首先会向南部移动，之后拐弯从西南方向接近不列颠群岛。这种特殊的气团被称为rPm，比普通的极地海洋气团更为温暖湿润。

地球上某个地方的天气，主要取决于由此产生的气团属性，以及不同气团交互产生低压的方式，其中，低压是温带地区天气的显著特征。

左图 北半球的波瓣（低压槽和高压脊），锋面系统和源地的典型模式图（伊恩·穆尔斯）

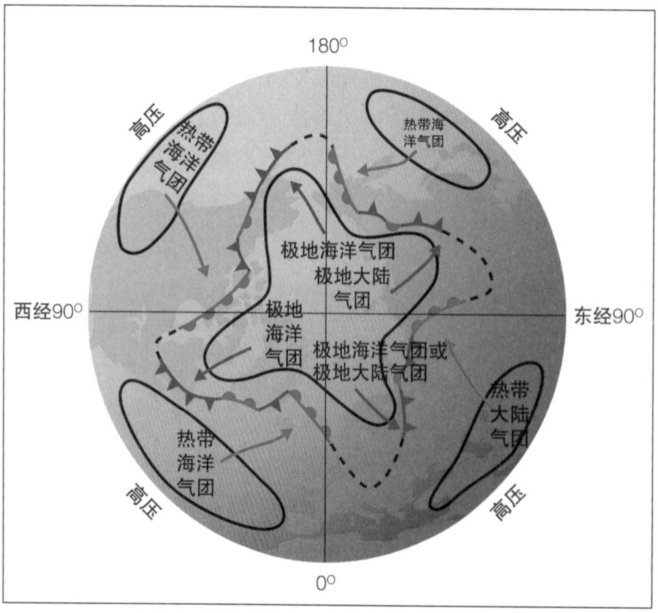

180°

高压

热带海洋气团

热带海洋气团

高压

西经90°

极地海洋气团
极地大陆气团

极地海洋气团

极地海洋气团或极地大陆气团

东经90°

热带大陆气团

高压

热带海洋气团

高压

0°

锋面

不同温度（通常湿度也不同）的两种气团间的边界称为"锋面"。主要有三种形式的锋面：暖锋、冷锋和锢囚锋。相对于第三种锋面，前两种均是由前进中气团的特点决定的。第三种锋面的情况则更为复杂，稍后将会对其进行具体的描述。

需要注意的是，两个气团间的相对温差很重要。例如，在北半球的冬季，在格陵兰岛和斯堪的纳维亚半岛之间，可能存在着一种有时被称为北极锋（Arcatic Front）的锋面，在那里，寒冷的北极海洋气团与寒冷的极地海洋气团交界。日本周围出现了更明显的锋区，相比大西洋最北部的上空，那里的温差更大。还有一个同样名为北极锋的类似锋面，它可能存在于加拿大上空，位于北极大陆气团与极地大陆气团之间。在南半球，有个半永久的南极锋，它位于背离南极大陆的寒冷南极大陆气团与进一步向北移动的温暖极地海洋气团之间。

这两种极锋，对全球温带地区天气系统的形成尤为重要。将寒冷极地气团与温暖亚热带气团分开的现存气团曲度，与这一点的关系格外密切。当纬度上的偏差缩小时，在纬向气流里主要会产生西风。当冷空气的波瓣（低压槽）向下朝赤道移动时，会改变经向气流的模式，同时，向两极延伸的暖空气波瓣（高压脊）会将它分隔开。低压区（技术上称为气旋，但更常见的名称为低压区）往往形成于处在最低纬度的低压槽附近，而高压区（即反气旋）则常常形成于距南北两极最近的高压脊附近。由于冬季的温差较大，低压槽与高压脊通常变得更为明显，经向环流模式更为广泛，而在夏季，纬向环流模式则更为普遍。

全球的极锋通常有4～5个波瓣。这些波瓣分别在东侧的高压脊和低压槽，由暖锋和冷锋交替构成。这些波瓣往往绕着地球逐渐向东转移，但偶尔会向西移动。随着波瓣的生长和萎缩，会不断产生变化，它们偶尔也可能会"受阻"，在相当长的一段时间内保持固定不变的状态。在极端天气情况下，锋面边界可能会被"夹断"，导致分离的冷热空气集中被一个不同的气团包围，引起"割离低压"或"割离高压"。割离低压所处的纬度往往比普通低压还要低，而割离高压则是从副热带高压中分离出来的反气旋，它所处的纬度比普通高压更高。割离高压往往会形成非常持久的阻塞形势。

两个气团之间的边界很少会处于稳定和静止不变的状态，但准静止锋可能会持续一段时间。锋面也可能会有所发展（其过程被称为锋生）或减弱，最终会导致耗散（锋消）。通常情况下，与低压区相关的锋面（低压）一般都是暖锋、冷锋和锢囚锋。锋面的所有形式，以及较高海拔的冷暖锋（在这里，两个不同气团间的边界尚未触及地面），会在天气图表中用不同的常规符号表示出来，并用表格的形式进行简单描述。需要注意的一点是，凸起部分（暖锋的凸起呈半圆形，冷锋的凸起呈三角形）一般都位于锋面的前沿，而准静止锋的凸起部分则是相互交错的。本页的图表给出了一些最常见的锋面符号，下页则附上了完整的锋面符号表。

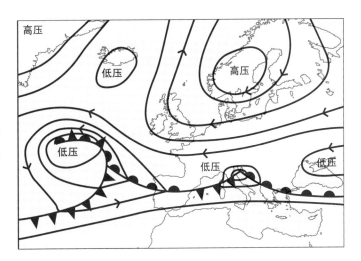

上图　斯堪的纳维亚上空的阻塞形势，影响了不列颠群岛及其周边地区的天气
（伊恩·穆尔斯）

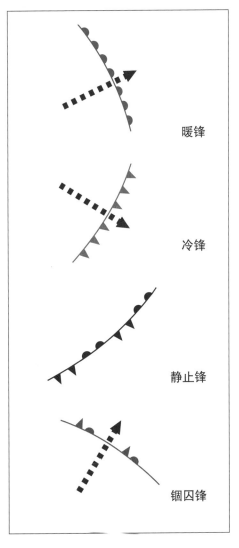

暖锋

冷锋

静止锋

锢囚锋

左图　国际通用的锋面标准符号，即用箭头显示其典型运动，但根据实际情况，锋面有可能出现于任何方向
（伊恩·穆尔斯）

锋面和天气图表中的其他特征符号

符　号		描　述
▲▲▲	冷锋	前进的地面冷锋
▲.▲.▲.	冷锋锋生	增强的地面冷锋，通常由气温梯度的加大引起
▲.-.▲.-.▲	冷锋锋消	减弱的地面冷锋，通常由气压的上升引起
⌒⌒⌒	暖锋	前进的地面暖锋
⌒.⌒.⌒	暖锋锋生	增强的地面暖锋，通常由气温梯度的加大引起
⌒.-.⌒.-.⌒	暖锋锋消	减弱的地面暖锋，通常由气压的上升引起
⌒▲⌒▲	锢囚锋	地面的锢囚锋
△△△	地面上冷锋	地面上的冷锋
⌒⌒⌒	地面上暖锋	地面上的暖锋
▲⌒▲⌒	地面准静止锋	地面的准静止锋
△⌒△⌒	地面上准静止锋	地面上的准静止锋
——1024——	等压线	等压线（以hPa为单位表示相应的气压）
L ×978 / 1024	低压中心	低压中心（以hPa为单位表示气压）
H ×1024 / 978	高压中心	高压中心（以hPa为单位表示气压）
	低压槽	低压槽
-v-v-v-	辐合线	辐合线
⌄⌄⌄⌄	高压脊轴	高压脊轴
🌀	热带气旋环流中心（≥64 kn*）	风速为64 kn及以上的热带气旋环流中心
🌀	热带气旋环流中心（<64 kn）	风速为64 kn以下的热带气旋环流中心

* kn：节，速度的法定计量单位，只用于航行。1 kn≈0.514 m/s。——译注

低压区的发展

极锋是极地冷空气与亚热带暖空气之间的边界。锋面各侧的风可能是流向相反方向的极地东风或西风，也有可能都是沿着等压线流动的西风。有种情况不太稳定，就是不同温度的空气相互衔接，最初可能持续几天的准静止锋迅速形成了一个不规则的锋面，在那里，暖空气膨胀后会融入到冷空气中。这就会产生一个明显的波，称为锋面波。它会一直增长，直到形成一个独特的低压中心，其内部空气会在等压线上流动，并形成一个封闭的环流圈。该系统现在被称为"暖低压区"，在可识别的冷暖锋面上会产生不同的风向变化。（在北半球，风以顺时针方向朝锋面流动；在南半球，风则以逆时针方向流动。）

下图　平常的风在等压线的方向上突然发生改变，（由此产生的风）在暖锋（左）和冷锋（右）上流动
（伊恩·穆尔斯）

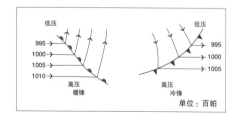

两个不同气团之间的边界不会非常明显。有一个锋区，其垂直深度为1～2 km，在那里，两种气团正慢慢地融合在一起。事实上，所有锋面都有一个浅坡，在图表中必须将它显著地放大。一个典型的暖锋浅坡，其比例尺为1：10～1：150，而典型的冷锋浅坡比例尺则为1：50～1：75。随着暖锋的接近，暖空气的楔尖可能因此到达地面锋前方1 000～1 500 km处的对流层顶。在那里，锋区可能会延伸达100～300 km。在冷空气削弱暖空气的冷锋处，也会发生类似的情况，但是这里的锋区更陡。

在那些最活跃的锋面处，那里的地面会发生辐合，暖空气相对锋区会上升。这样的锋面被称为上滑锋（希腊语的意思为"向上"），它分为上滑暖锋和上滑冷锋。空气倘若达到足够的湿度，就会到达露点，并生成云，产生降水。每个锋面都与各类典型云层结伴出现。这些现象在暖锋处尤为显著，随着低压区的靠近，出现了一系列可辨认的各类云层，首先出现的高空云层会慢慢增厚，并接近地面，最终产生持续的降雨。与锋面有关的这一系列云层和降水将在稍后进行详细的描述。与上滑暖锋相关的大部分降水将从雨层云中落下，其状态相对稳定，持续时间较长。

在上滑冷锋处，云层出现的顺序通常与上滑暖锋处相反。由于锋面更陡，随着冷空气的到来，在锋面后方会出现一个相对锋利的截点，且风也会以顺时针产生明显的转向。在许多地区，包括不列颠群岛，暖锋处的空气总体很稳定，因而此锋面处的主要带雨云层是雨层云。在其他地方，"传统的"上滑冷锋的出现可能伴随着不稳定空气，它会引发深层对流云的形成，以及持续时间较短的暴雨和雷暴。在任何一种情况下，锋面后方的冷空气可能都不稳定，并伴随着积雨云和阵雨的形成，尤其是当冷空气经过相对温暖的海洋上空时，它会受到下方海洋热量的影响。然而，在冬季的大陆地区，锋面后方的冷空气可能无法

上图 "传统的"上滑暖锋，此处的暖空气正在全锋区上升

（多米尼克·斯蒂克兰德）

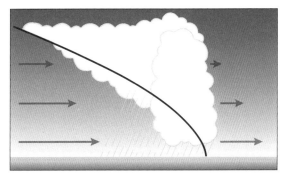

上图 上滑冷锋处的冷空气正削弱着暖空气，并促使其往上升

（多米尼克·斯蒂克兰德）

接收到地面的热量，因此并不会形成深层对流云。冬季的美国中部便常是这种情况，例如，当冷空气从加拿大北极地区往南横扫而过时。

然而，正如我们所见的那样，在对流层中部和下行空气里可能会出现辐合，导致暖空气相对锋区下沉。这就产生了减弱的锋面，它们虽然有所不同，但在这两种情况下有着某种相似，尤其是云层的序列，均由厚厚的层积云来显著区分。这样的锋面被称为"下滑锋"（kata fronts）（kata，希腊语的意思是"向下"）。在下滑暖锋处，从高空卷云往下到雨层云的云层序列消失了，取而代之的是逐渐增厚至层积云的低处云层，它只会生成小雨或毛毛细雨。锋面后方的层积云可能会略微变薄，只会在下滑冷锋处再次变厚，那里完全没有对流云，而且降雨量都很小。在冷锋后方的冷空气里，积云和积雨云可能都形成于不稳定的空气中。

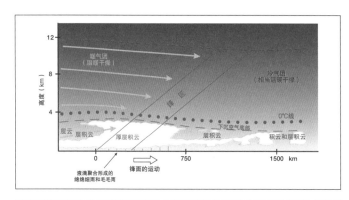

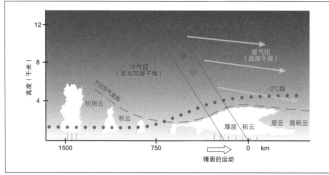

上图 下滑冷锋，此处锋面前方的下沉空气，往往会生成覆盖在暖区的厚厚层积云
（多米尼克·斯蒂克兰德）

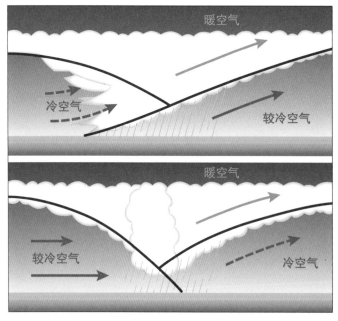

上图 锢囚暖锋处（上）最冷的空气位于锋面前方，而锢囚冷锋处（下）最冷的空气则跟在锋面后方
（多米尼克·斯蒂克兰德）

左图 为下滑暖锋，此处暖区的空气正在下沉，并即将抑制深层云的形成
（多米尼克·斯蒂克兰德）

　　锋面系统很少有清晰明确的边缘，其中许多锋面系统表现出复杂的混合性特征，如有些部分的暖空气在上升，另一些部分却正下沉。随着时间的变化，这些特征也会有所改变，从而形成截然不同的锋面系统，从来都不会出现两个一模一样的锋面系统。

　　前进冷空气的移动速度往往比暖空气的更快，因此，低压区的冷锋追上了暖锋，进而使低压区内的暖区逐渐缩小。当它到达暖锋，它便开始将暖锋从地面挪开，从而接触到最初位于暖锋前方的冷空气。这就产生了锢囚锋，此处位于地面上空的暖空气团一直在被挪移。等压线图显示了三种不同形式的锋面，它们汇合的点被称为"三相点"。

　　根据两种冷气团的相对温度，会产生两种类型的锢囚锋。通常情况下，锋面后方的冷空气温度较低，它从而会在冷囚锢里削弱其他的冷空气。有种情况较为罕见：当锋面后方的冷空气温度较高，那么它就会覆盖住锋面前方的空气。一旦它进入锢囚状态，低压区便会消退，封闭环流就会瓦解。

　　一旦形成一个封闭的环流，那么整个系统会在急流的部分影响下向东移动，这样的急流（倘若存在）会处于其附近或上空。更高海拔（比如300 hPa）的等压线图，显示了急流自身在低压区上空形成气波的方式，还展现了急流在冷锋后方朝东北方向流动，以及在暖锋前方朝东南方向流动的方式。

随着一个低压区的成熟、深化，并向东移动，其后方尾随的冷锋将进一步朝赤道推进（在北半球向南移动）。它容易形成次波，可能会沿着锋面迅速移动。这样的冷锋波可能永远不会发展成为一个完整的暖区低压。然而，它们的确会形成自己的降水区域，并且往往也会减缓冷锋朝低纬度移动的速度。但是，它们中有很多确实形成了独立的低压区，且往往会分别朝初始的低压区发展，该低压区位于更远处的东部和北部。因此，在不同的发展阶段，可能存在着一连串的次波与低压区，它们一个接一个地在全球范围内运行。一般说来，每个后续的低压区将比前一个的形成纬度更低，直到它的顺序最终被打断，锋面就会退回到一个更高的纬度。随着一个主导的低压区开始消退，周围紧随的次低压区可能会在赤道边缘开始追上它。在某些情况下，两个系统开始进行彼此循环，消退的系统继续向西运行，甚至在极少数情况下，向西运行之后，它会向赤道微微移动，之后便消散了。

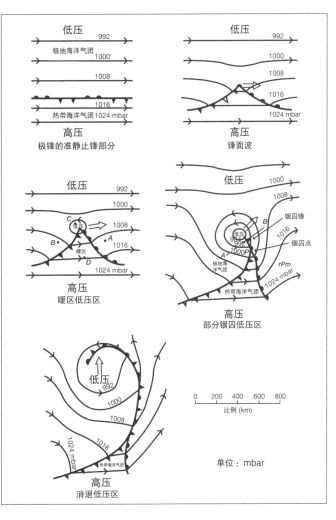

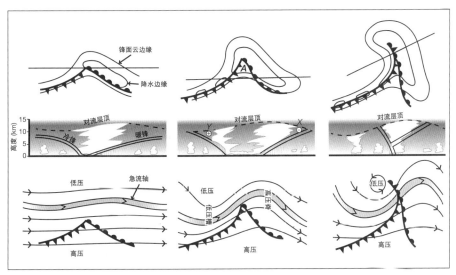

上图 锋面波形成封闭环流低压区，并最终成为锢囚低压区的各个发展阶段
（伊恩·穆尔斯）

左图 随着低压区的发展，雨带（浅蓝色）的大小和位置变化（上）。随着低压区的逐步发展，急流里的高压脊和低压槽的形成（下）
（伊恩·穆尔斯）

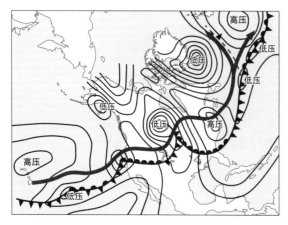

上图　低压区全区图，此处最东端的低压区已经基本消退了，有一个低压区也完全形成了，其后还尾随着两个从极锋处的气波发展而成的低压区。图中较粗的黑线表示的是相关急流的典型移动线路
（伊恩·穆尔斯）

　　急流快速移动的地方，往往朝向纬向气流，并带有微弱的低压槽和高压脊，可能会逐个形成一系列整体的低压区。随着急流向东迅速传输，它们很快便消退了。急流风行缓慢的地方，更有可能形成弯曲的气流线路，使低压槽和高压脊更加明显突出，并分别向赤道和两极延伸。往往会形成大而持久的强力低压区，它们和高压区的移动都相当缓慢，可能会在某一区域的上空停留很长一段时间。在极端天气情况下，高压区或低压区可能会从主要的气流中分离出来，在随后的一段时间内影响到它们下方的区域。

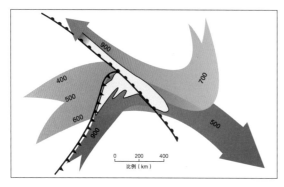

上图　低压区系统内的"输送带"复杂体系。暖输送带位于暖锋之上。图中的浅蓝色区域表示降雨量最大的区域
（伊恩·穆尔斯）

　　在十分罕见的情况下，当冬季偶尔出现北极海洋气团或极地大陆气团时，在主低压区前方的暖锋处，可能会形成气波，在暖锋前方的冷气团极为寒冷的条件下情况更是如此。这样的暖锋波会沿着锋面离开主低压区，这一低压则被称为分离低压。当这样的气波脱离主低压区的环流时，它们开始将极冷空气吸入到自己的环流内，然后可能迅速形成一个单独的低压区。

低压区的气流和降水

　　左下图中所显示的一部分锋面系统，会给人一种直观的印象，那就是暖锋后方的空气会直接流向该暖锋。然而，空气显然不可能持续不断地累积下去，实际上，气流会发生改变。垂直于锋面的气流部分会减少，相应地，平行于锋面的气流部分则会增加。事实上，在所有的大气层中，平行于锋面的气流运动最为剧烈，其中，朝对流层顶移动的平行气流量，可能是锋面平行气流量的10倍。因此，高空的气流与锋面平行。这种情况常见于最高处的云层结构及其运动。

　　低压区内产生云和降水的主要气流被称为暖输送带。它形成于暖区的较低处，从海拔约1 km处逐渐往上升，近乎与冷锋平行移动，在海拔5～6 km，它最终会发生转向（在北半球朝右转），并经过暖锋上空。在那里，它与另一种更为干燥寒冷的气流合并，该气流源自冷锋后方的对流层中部。在低压系统内，暖输送带传输绝大多数的热量和潮湿的空气。据了解，它们与所谓的"大气河流"（atmospheric rivers）密切相关，该"大气河流"是源自热带的密集潮湿空气，下文很快会对这一现象展开进一步描述。

　　在暖锋前方，还有一个空气的冷输送带，它在转向（也是向右转）流动到近乎与锋面平行前，会靠近锋面，在上升进入锢囚锋之前，它位于暖输送带下方。

暖锋处的降水分布于开阔区域上空，往往位于地面锋前方200～300 km处，其内部分布着小雨带和大雨带。相比之下，冷锋处的降水局限于初始小雨带的狭窄区域内，紧随其后的是位于锋面正前方，且宽约50 km的大降水带。在这两种情况下，在大雨带内都分布着含有最大降水量的单独环流圈。

热低压

有两种形式的非锋面低压区可能会对当地的天气产生重大影响。第一种被称为热低压或热低压区，在夏季白天，当陆地上空的热量达到峰值时有可能形成。它可能会导致低压中心的形成，该低压中心具有封闭的等压线和环流。在很多情况下，如果热量不足而无法形成一个封闭的环流，那么它就会使现存的等压线在热槽里发生弯曲。在夜晚，当地面热量消失时，这种热低压和热槽往往就会消散。然而，由于受制于产生它们的气团，它们有可能会形成充足的失稳因素，进而引发白天的阵雨甚至雷暴。在夏季的热带地区，夜间气压的上升可能不足以与白天气压的下降相抵，这样就会形成一个半永久的热低压。最具代表性的例子是发生在塔尔沙漠及印度周边区域上空的热低压，它强烈影响着夏季风的发展。

极地低压区

海洋上空相对密集的热量也可能会促使热低压的形成，特别是当极地空气流经开阔水域上空时。这就导致

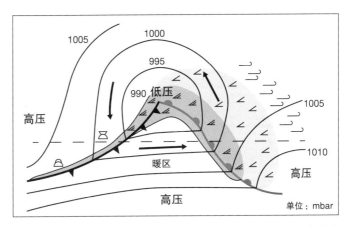

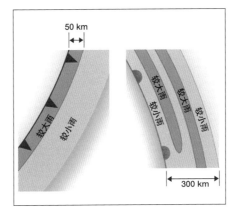

上图　在锢囚锋形成之前，低压区内的整体降雨模式（伊恩·穆尔斯）

左图　暖锋前方的宽阔雨带，它通常含有较大的雨带。相比之下，在冷锋处，虽然小雨居于主导地位，但是最大的降水靠近锋面本身（伊恩·穆尔斯）

那些较低的大气层迅速接收到来自温暖海洋的热量；在冬季，当气温与水温形成最大的温差时，就会产生最为显著的影响。除此之外，与出现在陆地上空的热低压相比，由于昼夜持续受热，所以极地低压区（也称为极地低压）密度可能变得非常高。当热低压出现在陆地上空时，微弱地受热可能会产生一个极地槽，而不是一个封闭的环流。

在北半球，极地低压（或低压区）最常见的形成位置，位于大型锢囚低压区西侧的向北气流中。向南迅速流动的极地海洋气团变得非常不稳定，因而强烈对流会出现在低压槽或低压区，那里会产生强阵雨，有时阵雨也可能会融合，造成长时间的雨雪天气。

上图 北大西洋冰岛南部上空发展成形的极地低压（NASA）

大气河流

在20世纪90年代末，随着微波遥感技术被引入气象卫星领域，人们发现大量的潮湿空气被输送至所谓的大气河流。这条大气河流是条位于对流层中部的狭窄气流带，宽300～400 km，它可以在全球范围内延伸数千千米。据发现，这些密集的气流带可以随时带走大量水分：占从热带地区输送到高纬度地区水分的20%。早期的卫星红外传感器无法探测到这些潮湿的大气河流。虽然大气河流的确切成因尚不明确，但是当深度低压区将潮湿空气吸入冷锋前方的狭窄气流带时，大气河流似乎就会出现，这一狭窄气流带之后便会成为前文提及并描述过的暖输送带。

似乎随时都有五六条这样的大气河流从赤道地区蜿蜒流向中纬度区域。每条大气河流所携带的含水量几乎有亚马孙河的河水那么多，也就是密西西比河总水量的10倍左右。大多数的大气河流在海洋上空会进行降水，通常情况

下，甚至当它们登陆时，各种现存的天气系统会引起它们位置上的变化，这往往会将降雨或降雪输送到广大地区。然而，偶尔也会出现像反气旋这样的静止天气系统，迫使大气河流流向某一特定区域上空。比方说，假如当这样一条大气河流遇到山脉时，它可能会在一小片区域内额外降下大量的雨水。据悉，加州洪水的暴发主要就是由这一原因所引起（此处，气流被迫在内华达山脉上空上升，而内华达山脉位于内陆，隔着一段距离与海岸平行）。在英国，2009年的坎布里亚郡（Cumbria）洪水、2012年的康沃尔郡（Cornwall）洪水这两场毁灭性的洪灾也是由类似的情况引发；尽管在这两起案例中，由于大气河流穿过了相对凉爽的北大西洋，因而其水分输送量和后续的降雨量少于加州，后者的大气河流出现在相对温暖的太平洋上空。2010年，有条大气河流靠近美国的东部沿海地区，在那里，它遇到了强大雷暴的飑线，被迫在此处上升，导致它在田纳西州上空降下大部分雨水，其中在纳什维尔（Nashville）上空及其周边区域，降水量多达300～500 mm。大范围的洪灾席卷了该地区，在纳什维尔当地就有11人遇难，该地的坎伯兰河（Cumberland River）河水淹没了河堤。

既然已经知道了大气河流的存在，人们就可以通过卫星图像将它们辨认出来，并纳入天气预测模型内。在美国西海岸安装了一些专门观测大气河流的天文台和仪器，天气预报员可以提前几天预测降雨的强度和位置。这些方法无疑将会被推广到世界其他国家与地区，与此同时，探索大气河流形成机制的研究正在紧张地展开。

第四章
低压系统和高压系统

低压区来临前的天气变化

    个来自西面的活跃低压区（此处的空气在冷暖锋处均会上升）的到来，显示的第一个迹象可能是高空急流卷云的出现。在这一早期阶段，急流一般从西北方向流出，与远处的暖锋近乎平行。然而，低压区到来更为普遍的迹象是，一朵朵卷云会在同一方向上逐步增多，最终融为一层卷层云。同样地，飞机航迹云会持久不散，并可能在天空大面积地飘散开来。这两种迹象都表明，随着锋面的靠近，高空的空气正变得更加湿润。一旦或多或少出现持续不断的卷层云，通常就可以看到各种光圈现象，虽然它们可能只会持续一小段时间，这是由卷层云自身增厚的速度决定的。

    还有其他的迹象表明低压区即将来临。其中有一种可以被称之为"侧风"规则。倘若你正面向锋面（在北半球），海拔较低处的风（和最低处的云层）往往会从你的左侧移向右侧。海拔居中的云层会直接朝你移动过来，而海拔较高处的卷云（尤其是急流及伴随它生成的卷云）可能会从你的右侧移到左侧。风会随着高度的上升而转向（即以顺时针方向转向）。这种迹象表明低压区正直接靠近观测者，并且暖锋、暖区、冷锋和随后的冷气团很有可能会按顺序经过

观测者的上空。

    相反，如果不同海拔上的风会发生转向（即逆时针方向转向）变化，那么天气情况可能会有所改善。当然，南半球的风向变化与之相反。在南半球，风倘若随着海拔的上升发生逆时针转向，那么这便是低压区即将到来的一种迹象了。

    另一个因素则是变化速率，即从最初的卷云发展为厚密的卷层云的速度。如果这种变化的产生只需要几小时，那么暖锋和伴随的雨可能会在几小时内出现。如果这种变化过程十分缓慢，需要花上大半天的时间，那么恶劣天气可能不会在一两天内到来。

暖锋来临前的天气变化

    正如我们在前文所了解的那样，暖锋的斜率居于 $1：100 \sim 1：150$（即 $1\% \sim 0.67\%$），卷云底部的典型高

下图　高海拔区的卷云，显示了大风在高空发生切变，它位于从西（左）面靠近的暖锋前方
（作者）

上图 雨层云在暖锋
处产生暴雨
（作者）

高层云可能会产生一些降水，但是这些降水几乎不会到达地面。第一个真正雨带的来临标志着厚厚的高层云向雨层云的转变。雨层云的底部通常因降水而高低不平，这可能会充分冷却下层的空气并使之达到露点，从而在雨层云与地面之间产生出数片不规则的碎片云。

当然，主要雨带的持续时间取决于低压区的速度移动，但通常情况下是3～4小时。与统一连续的雨带不同，通常更大的降雨带与地面暖锋近乎平行运行。偶尔还是会有一些不稳定因素，使整个层状云内部产生对流云，导致强烈的阵雨和局部的大暴雨。

如果暖锋前方的气团非常寒冷，那么在普通的降雨来临之前，可能会出现冻雨或冰雪天气。当空气格外寒冷时，必然整个降水必然会变成降雪。

随着云层按部就班地运行，由于低压中心正靠近观测者，气压会逐渐下降。随着暖锋的到来，气压在最低点上持稳。地面风通常会在锋面前方发生轻微的逆时针转向，但同时又会不断强化，并可能成为阵风。在锋面经过时，它又会发生急剧的顺时针转向，大体上从南风转变为西南风甚至西风。随着锋面的经过，降雨减轻，甚至完全停止，云层变薄，并可能消散。（当然，在南半球，风在锋面前方会发生轻微的顺时针转向，然后在暖锋处会发生急剧的逆时针转向。）

由于暖锋斜坡的存在，锋区（厚约1 km）实际上在地面会延伸150 km之长，所以它可能需要很长的时间才能经过观测者上空。然而最终，随着暖区的降临，云量和相应的天气通常会发生不

度约为20 000 ft（约6 km）。所以，当我们看到上方高空卷云增厚的第一个迹象时，地面锋可能距我们600～900 km远。当然，在通常情况下，锋面将会朝西南或观测者所在位置的西侧移动。低压区往往会与暖区的地转风保持相近的运行速度而提前到来。其平均速度一般约为50 kph，所以雨水可能会在9～10小时后降临，地面暖锋将在12～18小时内到达。

在暖锋前方相对凉爽的空气里经常会有一些积云，随着暖空气开始在头顶上空扩散，这些积云会逐步发展成为扁平的淡积云。而实际锋面云系的发展顺序却与众不同：先是高空卷云，然后再是卷层云（通常伴随光圈效应），接着是高层云，最后是雨层云。尽管它们远离低压中心，但是这一连串云层的增厚和下降现象都很普遍；一些卷积云和高积云也可能会在短时间内出现，略微打断正常的发展顺序。

随着这些云层逐渐增厚，天空自然越来越阴沉了。最初的高层云可能较薄，从而可以像透过磨砂玻璃般地看见太阳，然而太阳很快便会消失，地面上物体的影子也会变得模糊。虽然厚厚的

海恩斯图解指南　气象爱好者手册

同的变化。然而，这些确切的变化，将取决于观测者相对低压中心或三相点（倘若其中一种已经形成）所处的位置。如果靠近低压中心，那么雨水可能会持续，并与冷锋处的降水融合，降雨只会在锋面经过时才会立刻停止。同样地，即使降雨不持续下去，也或多或少会有连续的云量可能以层云或层积云的形式穿过暖区。

伴随着格外晴朗的天空和温暖宜人的阳光，远离低压中心的云层可能会消散。尤其在夏季的陆地上空，充足的热量会促使大型积云或积雨云形成，并产生阵雨，甚至发展为雷暴。

随着冷锋的到来，天气再次发生变化。这样的锋面更陡，其斜率居于 1：50 ～ 1：75（即 2% ～ 1.3%），并且它比暖锋移动得更快。此处一般会产生显著的对流，引发暴雨和潜在的雷暴天气。通常在此锋面的前方会有一条雨带。通常情况下，暖区云层掩盖了锋面的靠近，但是偶尔，尤其在完全远离低压中心的情况下，冷锋偶尔也会表现为一条由混合云层组成的清晰线条接近观测者。

随着冷锋的经过，风再次发生顺时针转向，从南向西，或从西到西，亦或从西向北地移动。气温有所下降，有时下降得非常急剧，而气压开

上图　暖锋经过后，云层分散并变得稀薄。雨层云变成了薄薄的高层云，在它的后面留下了一些残余的碎片云（作者）

上图　在暖区几乎没有云层这一相对罕见的情况下，可以清晰地看见即将到来的冷锋锋面和相关的对流云（作者）

左图　冷锋后方向东（左）消退，显示大量的高空卷云有时可能会尾随于这些锋面之后（作者）

锢囚锋

上图 两个低压区的卫星图像（用业余设备拍摄）。较大的那个低压区有一个界限模糊的暖锋和暖区，但是它在冷锋后方显示了一个清晰的"晴空隙"。而位于右上角那个较弱小的早期低压区里没有"晴空隙"。这两张图都显示了寒冷极地海洋气团里广布的对流云（作者）

始上升。（由于这一次的锋区更窄，变化产生得更快。）在冷锋的正后方，往往会有一个"晴空隙"，那里没有云，在卫星图像上通常可以将其看得一清二楚。冷气团为天空带来良好的能见度，但它通常不太稳定，尤其当它经过开阔海域上空之时。这种不稳定性产生了大量的积云和积雨云，而积雨云常常会发展成为雷暴。然而，如果冷空气经过一片大陆区域上空，比如北美内陆上空，那么空气通常不会经历地面的巨大热量，因而此处的对流活动就会更少，从而产生的阵雨也更少。

如果一个三相点已经形成，同时锢囚锋也经过了观测者的上空，那么所出现的天气现象的性质和顺序会产生明显的差异。由于冷锋已经赶上了暖锋，并将一大团暖空气从地面移了出去，那么冷锋的对流云实际上会直接尾随于暖锋的典型层状云之后。在大多数情况下，在锢囚冷锋处，锋面后方的空气是两种气团中较冷的那一个。在这种情况下，风往往会发生急速的顺时针转向（在北半球），有时会达45°角，当锋面经过头顶上空时，气温也会突然下降。尽管看上去更显更简单，但是锢囚锋仍然可能会产生大量的降水，它们尾随或围绕相关低压区进行运转的方式会使观测者们发现，一个需数小时或数天才能经过头顶上空的锢囚锋，通常会引发持续的多云天气和大量的降水。锢囚锋也可能会消退，紧随其后的是一个相对明显的间隙，可能只有低压中心最终离开向东移动，锋面（通常较弱）才会跟着一些对流云重返回来。

一般来说，锢囚暖锋（此处的冷空气位于锋面前方）不如锢囚冷锋独特和活跃，它也没有锢囚冷锋那么长的生命周期。

低压中心的北面

倘若（在北半球）低压中心经过观测者的南面，该低压中心显然会出现一个不同的发展顺序。最初可能会出现高空卷云，接着它会逐渐变厚成为卷层云，这一现象可能会使观测者相信暖锋即将来临。然而，地面和上空的风

左图　北太平洋阿拉斯加湾上空，在一个发展成熟的低压区内有个螺旋式上升的长型锢囚锋。该图像清晰地显示了尾随冷锋的大面积对流云（邓迪卫星接收站，Dundee Satellite Recieving Station）

向无法反映出真实的情况。尽管两种风彼此近乎平行，但是它们将吹向相反的方向。云层不会继续增长，它随着气压的微降而渐渐分散。举例来说，地面风从东南面向东面发生逆时针转向，最终在东北面或北面周围打转，当低压中心经过南面时，气压逐渐上升。

低压中心的南面

在低压中心的正南面，虽然卷云可能会发展为卷层云，卷层云可进一步发展为高积云，但是一般来说，云层并不会完全覆盖住天空。任何气压和

风向的变化都很微小缓慢，而气压很快便会开始上升。在暖锋后方经常会有一个高压脊，阻止一切容易识别的冷锋经过观测者上空。

独立的暖锋和冷锋

暖锋和冷锋均可能独立产生，它们不与任何特定的低压系统相关联。相比海洋区域，它们往往会更频繁地出现在大陆区域上空（如北美或欧亚内陆）。它们会体现出暖锋或冷锋的典型特征，而暖锋通常会出现更多的对流活动。独立的冷锋可能会表现得非常突

上图　为晨光照亮的清朗天空，它位于弱低压区的后方（本图中有一些较高处的高积云）
（作者）

然，在它的前方，气压通常会急剧地下降。随后，当它经过头顶上空时，该气压会突然上升。

上滑锋与下滑锋

前文刚刚所描述的锋面发展顺序适用于一个被称为"典型锋面"的上滑锋，此处的空气在冷暖锋处均会上升。有时，正如我们前文所了解的那样，暖气团下沉并产生下滑锋。这样的低压系统通常较弱，且不太明显。它所产生的变化往往更简单。因为空气的下沉会抑制对流，它不会产生高空卷云、卷层云和高层云这样的成云顺序，这些都是暖锋即将到来的重要迹象。相反，任何天气系统前方的积云，往往会变厚成为层积云，它可能会变得非常厚，但不会产生持续降雨或暴雨。降雨量通常很小，往往只是一些毛毛细雨。

气压和风向的变化与"典型"天气系统里的变化类似，但通常不会那么急剧，且变化速度更慢。暖锋后方的层积云通常很稀薄，在变为低低的层云之前，可以透过该云层看见一片片的蓝天。在冷锋处，层云和层积云再次变厚，并伴随有小雨或毛毛细雨。在此锋面处，气温的下降与风的顺时针转向更为缓慢，也没有那么急剧。锋面后方的层状云散去，取而代之的是冷气团里的积云和积雨云。

尽管这些低压系统看起来相对呆板无趣，但是它们普遍存在于世界上许多地方，尤其在冬季的时候。没有提供分析或预测图表这样的进一步信息，就难以估计天气系统可能产生的降水量和它的移动速度。然而，有一个迹象：如果天空变得阴沉，那这就是云量增厚的表现，当云量变得足够厚密时，小云滴就会增长为大雨滴。除此之外，任何高空或中部云层的前进速度，都可以为判定一日之内是否有雨提供线索。如果这些变化非常缓慢，那么雨带可能永远不会来临。

高压区

如前文所述，高压区有两种类型：冷高压区和暖高压区。当然，二者在表面上都会表现出差异，它们分别是冷风或暖风的源头。冷高压区是较浅的反气旋，它主要形成于冬季的极地地区或内陆区域上空。其内部空气可能非常寒冷，而天空往往十分清朗。其他情况下，在地面上空的某个海拔可能会发生逆温现象，这就限制了积云向上增长，使之分散到层积云内。在世界上其他地区，高压往往是以高压脊的形式出现，而并非以封闭环流区的形式。在这两种情况下，气温通常都会在夜晚急剧下降。

暖高压区是另一种形式的反气旋，由于空气下沉时会穿过整个对流层，因而这通常会抑制云的形成。然而，可能会有一些独立的积云或破碎的层积云。如果空气源自暖湿热带海洋气团的扩散，那么就会形成大面积的层云或雾，尤其在夜晚气温下降之时。这些云和雾的持续时间可能极长，特别是在冬季风很轻的时候。在夏季，白昼的热量通常足以驱散低空的云或雾。被厚厚的层云和层积云笼罩的阴暗天空偶尔会持续数天，甚至数周。这种低迷的天气状况被称为"反气旋阴沉"。

暖高压中下沉空气的深柱，是普通西风带和低压系统向东移动的障碍。这个"阻塞高压"的持续时间可能极长，并且它对周边地区的天气会产生重大的影响。一般来说，极锋会比平时更靠近极点。高压区会引导着低压区进一步往南或往北移动。例如，在冬季，斯堪的纳维亚半岛上空的阻塞高压可能会给西欧带来刺骨的东风。与此同时，它也会迫使低压区进一步向南运行，这会给伊比利亚半岛和地中海地区带来不同寻常的潮湿大风天气。

下图 从北非延伸至西欧的强大高压脊阻碍了低压区向东的正常运行，它迫使极锋停滞于英国和大西洋东部上空
（欧洲气象卫星组织，Eumetsat）

第二部分

天气过程和降水

左图　被夕阳照亮的喷流云。云层从西北方向（从右到左）运动表明喷气流位于一个即将到来的低气压的暖锋之前，离西边还有一段距离。

（作者）

第五章
天气过程

水的三态变化

水是一种非同寻常的物质，随着温度的变化，水会以三种不同的形式（形态）大量存在于地球上。许多天气过程都涉及到水的三态（固态冰、液态水和气态水蒸气）之间的相互转化及能量的交换。

许多人难以理解何为潜热，如果思考下冰是如何变成液态水，或液体水是如何变成水蒸气的过程，那么这一概念就容易理解了。如将一冰块加热至其熔点（0℃），冰在融化过程中被持续加热，温度也保持不变。同样，将液态水加热至沸点（100℃），水在蒸发成水蒸气的过程中温度也保持不变。在这两种情况下，额外的热量都并没有使冰块或水的温度增加，却使它们各自转化成另一种形态。冰块融化成水时从周围空气中吸收热量，相应地，水蒸发成水蒸气时也会从周围空气中吸收热量。这种"隐藏的"或"看不见的"热量就是潜热。相反地，当水蒸气凝结成水或水凝固成冰时，则会向周围空气中释放热量。

固态冰可以直接变为气态水蒸气，相反，气态水蒸气也可以直接变成固态冰。在很多年中，这两种转换过程都曾被称为"升华"。然而近些年，为避免混淆，人们常将水的气态到固态的转化称为"凝华"。这两种转化过程在大气中都会自然发生。实际上，气温在0℃以下时，湿衣服最快晾干的方法是，将衣服挂在向阳处。湿衣服一开始会结冰，变得和木板一样坚硬，但随后冰直接转化成水蒸气（升华），使衣服完全变干。同样，夜间的霜冻经过阳光照射后，也可以不经过液态而直接升华成水蒸气。与此相反的过程——凝华，则发生在云端和地面上，这两种情况都能引起冰晶的产生。升华要吸收周围空气热量，凝华会把潜热释放给周围空气。

水结冰释放潜热，这一原理被果农

下图 随着压力（单位：帕斯卡）和温度（单位：开尔文）的增加，水（H_2O）相图的变化情况。S代表固态；L代表液态；V代表气态。TP指的是水的三相（气相，液相，固相）共存的一个温度和压力的三相点数值（伊恩·穆尔斯）

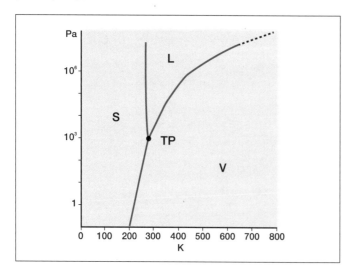

等种植者利用，从而防止其作物遭受霜冻危害。霜冻来临前，种植者对果树和灌木进行喷水，夜间气温下降时，水滴凝结成冰，但由此释放出的潜热使花蕾和水果免受霜冻的危害。

饱和湿度和湿度

湿度是空气中水蒸气的含量。假设在一个密封的容器里，一半是水一半是干燥空气，水和空气的所有分子以不同的速度持续运动着。一些水分子运动速度足够快，挣脱液态进入空气中，蒸发并变成水蒸气。然而，一旦空气中含有一定量的水蒸气，分子的运动速度就会降低并进入水中，它们从水蒸气凝结成液态水。最终，蒸发到空气中的分子和进入水中的分子量达到平衡。空气中的水蒸气饱和，它的湿度为100%。

如果将容器加热，容器内水和空气分子的运动速度会加快。蒸发到空气中的分子与凝结到水中的分子会更多，直到达成平衡。由于空气中水蒸气含量增多，空气湿度达到饱和。相反亦然：将容器冷却，容器内分子的运动速度降低，空气中水蒸气分子减少，从而建立一个新的平衡。［无论温度多低，空气中总会有一些分子，除非将其温度降低到 0 K（−273℃），即绝对零度，此时所有分子均停止运动。］

空气中的水分子含量（空气的湿度）完全取决于空气温度，当多余的水蒸气随着温度的降低而迅速凝结时，空气湿度达到饱和。这一使空气中气态水达到饱和而凝结成液态水所需的温度称作"露点"（dew point）。如果容器敞开，一道干空气从容器口经过，更多的水分会蒸发，多余的水分子将被空气带走。不断与水接触的新鲜空气，难以到达湿度饱和，湿度也将小于100%。

在大气中，当气温降低时，饱和空气中的水蒸气凝结成云滴，而云滴是由固态粒子形成的。如果空气中完全没有这些固态粒子（实际大气中偶尔发生的情况），空气的温度可以降低到露点以下，这个现象叫做过饱和。

单位体积空气中水蒸气的含量是水蒸气质量与湿空气总质量之比，称为比湿度（specific humility）。通常指每千克湿空气中所含有的水蒸气克数。空气的比湿度随着温度的升高而增加，如下表所示：

温　　度	比湿度（g/kg）
0℃（32°F）	3
10℃（50°F）	约7
20℃（68°F）	约14
30℃（86°F）	26

通常情况下，"湿度"指的是相对湿度，即某一团湿空气中所含水蒸气与饱和空气中所含水蒸气量之比。例如，空气的温度为20℃（饱和比为14 g/kg），比湿度是7 g/kg，那么相对湿度为50%。然而，相对湿度对气象学家没那么重要，因为在不同的温度下，其他空气团也能达到同样百分比。一个更有用的概念是绝对湿度，即每单位质量的空气中的水蒸气的质量，单位是克/立方米（g/m³）。

测量空气湿度的标准方法是观察干湿球两个温度计的示数：其中干球温度计直接露在空气中；湿球温度计的球部用布包好，即通过由布芯取得蒸馏水使布长期保持潮湿。干湿温度计随着空气湿度的变化显示不同的温度。通过测量的数值，和一组温度示数差表，可以得出空气的绝对湿度（当然，如果需要也可测得相对湿度）。掌握这两个温度计的使用方法也有助于测量露点温度——空气中气态水达到饱和而凝结成液态水所需要降至的温度，也指云粒子凝结时空气所需要降至的温度。测量该现象发生的位置（高度）需掌握温度直减率的知识（lapse rate，即温度随高度增加而变化的现象），稍后将对此进行介绍。

掌握露点知识非常有用，因为下午的露点温度可以为夜间的最低温度提供参考。随着日落之后空气温度降至露点，水蒸气凝结释放的潜热往往可以抵消下降的温度。例如，下午大气的温度为30℃，露点温度为22℃，这意味着夜间温度会降低至20℃，湿度也会达到人体极不适宜的100%。

湿空气的密度

人们经常误以为湿空气"一定"比干空气重——原因是湿空气内水分多。然而，这

湿度增加带来的变化

气　体	相对原子质量	增加或减少的分子数	增加或减少的相对原子质量
新加入的水分子（H_2O）	18	+10	增加180
被替代的氮气（N_2）	28	−8	减少224
被替代的氧气（O_2）	32	−2	减少64
减少的原子总量（N_2+O_2）	288		
增加的原子总量（H_2O）			180
总变化量			减少108

种理解是完全错误的，原因有多种。空气本身不"含"水分，与多孔砖或海绵不同，空气没有固定（甚至更灵活）的多孔结构用来储水。一块湿海绵的确比一块干海绵重，然而，空气是由多种气体组成的混合物，影响气体活动的基本定律（称为阿伏加德罗定律）是：同温同压下，相同体积的任何气体都含有相同的分子数。

基于这个定律，假设我们向一定体积的气体中加入一个水蒸气分子（将其简单看作另一种形式的气体），那么其他气体的一个分子就会被挤出去。考虑到不同分子的原子质量有所不同，我们很快会看到不同湿度所引起的变化。

如果不考虑空气中含量较少的气体，我们可以认为，空气由约80%的氮气（N_2）和约20%的氧气（O_2）组成，它们的体积比是4∶1。氮气和氧气的相对分子质量分别是28和32（注意：我们讨论的分子是由两个相同原子组成的。一个氮原子的相对原子质量是14，一个氧原子的相对原子质量是16）。一个水分子（H_2O）相对分子质量是18。如果我们向空气中加入10个水分子（分子总量180），空气中原来的8个氮分子（分子总量为224）和2个氧分子（分子总量为64）一定会被替代。因此，增加的相对分子质量是180，失去的相对分子质量是288，总分子量减少了108。

这里要强调的重点是：尽管两团空气的气温和气压完全相同，但较湿的空气密度较低，因此往往上升到较干空气的上方。这种情况可能沿着"干线"（dryline）发生，干线是干空气和湿空气的分界线，也常是超级单体风暴（supercell storm）和龙卷风等大型雷暴的能量来源。

大气的稳定性与不稳定性

如前所述，大气压力随着高度升高而降低，因此，气团在上升过程中（无论由何种原因引起）会膨胀且温度降低。如果气团停止上升，温

度高于（密度低于）周围的空气，那么它的浮力会使其继续上升，直到它与周围温度相等。如果气团离开最初高度后，继续延同一方向运动，则该气团周围空气不稳定。相反地，如果气团上升后，温度低于（密度大于）周围空气，浮力会使其返回原来的高度，此时该气团周围空气稳定。应注意气团的浮力往往抑制任何的运动（向下或向上），气团需在外力作用下上升。

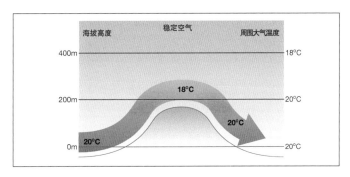

上图　气团受风力影响沿山坡爬升，在山顶处其温度低于周围温度（环境温度），此时气团将返回原来在下风口的高度和温度，大气呈稳定状态（图为高度和温度示意图，并非实际测量所得）
（伊恩·穆尔斯）

温度垂直递减率

如 前所述，在对流层内，气温随着高度上升递减的幅度（递减率）约为6.5℃/km。然而，实际递减率可能有很大差异。假设无凝结产生，气团在大气中上升膨胀，温度递减率约为10℃/km（实际是9.767℃/km⁻¹），该数值被称为干绝热递减率（DALR）。（"绝热"是指气团与周围无热量交换时。）气团在下沉过程中以相同幅度升温。

气团周围空气的递减率也非常重要，这就是环境递减率（ELR），即气温随高度变化而实际变化的幅度。当环境垂直递减率大于干绝热递减率时，环境温度也总是比上升中气团的温度低，因此即使上升气团的温度在递减，该气团也会继续上升，这时气团所在空气周边（环境）对于干空气的上升或下降是不稳定的。相反的，如果环境垂直递减率小于干绝热递减率，那么周围空气呈稳定状态。实际中，环境垂直递减率是由无线电探空仪测定，这是一种球载仪器装置，每天升空两次进行测量。

如果有凝结现象产生（气团温

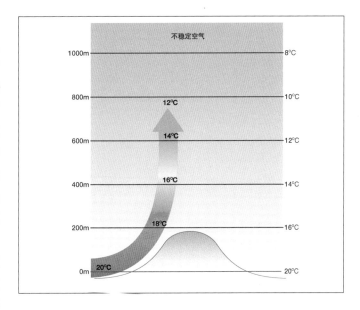

度降至露点以下），潜热的释放会使气温垂直递减率降低至湿绝热递减率（SALR）。根据空气中凝结水分的多少，湿绝热递减率为4～7℃/km，这也可能是云层中测得的数值。高温时，环境垂直递减率较低。而低温时，环境垂直递减率将增加到干绝热递减率的数值（在−40℃时，几乎等于干绝热递减率）。递减率之所以变化是因为，高温时凝结的水蒸气多，低温时凝结的水分子少，因此释放的潜热也少。

上图　尽管空气上升过程中温度下降，但是当其温度高于周围大气温度时，气团将继续上升（图为高度和温度示意图，并非实际测量所得）
（伊恩·穆尔斯）

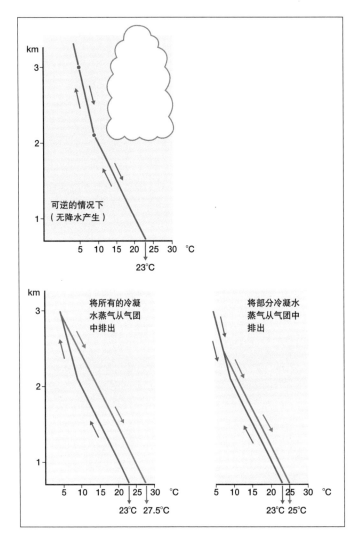

如果所有凝结（结冰）物留在气团内，那么气团将一边下降一边以湿绝热递减率增温，从而回到原来的高度和温度。然而，如果气团有降水（如雨水、雪或冰雹）产生，气温垂直递减率将介于干绝热递减率和湿绝热递减率之间（被称作"伪绝热递减率"）。那么当气团返回原来高度时，温度将高于开始上升时的温度。气团的实际温度取决于气团中是所有还是仅仅部分水蒸气凝结降落。

结论：如果气团温度高于周围空气温度，气团将以干绝热递减率持续上升，如有凝结现象则以湿绝热递减率上升。相似地，气团温度低于周围空气温度时，将以适当的递减幅度下沉升温。

凝结和结冰

通常情况下（除非过饱和状态）水不会自行凝结，只有存在合适的凝结核，或与游离水或冰面接触，水才会凝结。大气中的凝结核通常很充沛，它们可以是燃烧产生的硫酸铵或硫酸滴液，海水溅沫大量产生的盐粒，不同的土壤颗粒，甚至特定的细菌。

与此类似，水在没有冻结核的情况下同样不会结冰，除非其温度被过度冷却到-40℃，或者与已存在的冰面接触。水只有遇到合适的冻结核才会结冰，然而一般情况下，此时气温低于水的结

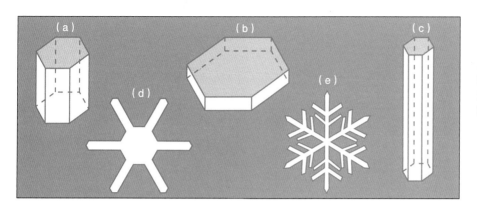

左图　不同温度和湿度下形成的各种形状的冰晶:(a)六角柱状;(b)六角板状;(c)六角针状;(d)星状;(e)枝状（伊恩·穆尔斯）

冰点0℃。实践证明，气温在−10℃～−15℃时，冻结核最能促进水结冰。一般而言，冻结核是某种土矿物微粒和其他不溶于水的颗粒。云中发生的结冰现象，被称为冰晶化，它与积雨云高度相关。

　　就夜光云而言，它是由冰晶颗粒组成，然而由于云层所处位置很高（距离地面85 km左右），因此难以想象水蒸气和凝结核是如何到达这种高度的。人们认为水蒸气很有可能来自行星间空间（例如来自彗星），而凝结核来自微小陨石（同样是彗星物质）或星际空间宇宙线产生的离子簇。

　　大气中冰晶形成的实际形状取决于空气的温度和湿度。常见的冰晶形状是棱柱状：扁平六角板状、六角针状（形状类似铅笔），以及更短更宽的六角柱状，包括中空六角柱状。人们普遍把多枝状的冰晶叫做"雪花"，从专业上来讲，这被称为"枝状冰晶"，以及有六个简单的无分枝角棱的是星状冰晶。柱状可能有六角形或锥形（例如尖状）的末端。

　　冰晶的具体形状决定了各种各样的光晕现象形成的位置、颜色、亮度以及形状。目前已知光经过冰晶折射或它们不同面的反射，形成多种光弧或光点。

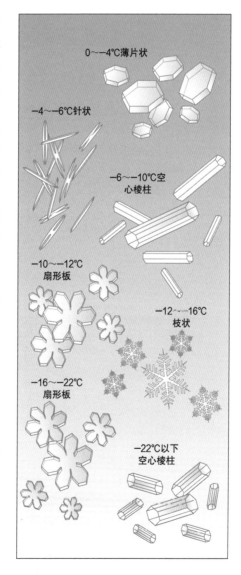

0～−4℃薄片状

−4～−6℃针状

−6～−10℃空心棱柱

−10～−12℃扇形板

−12～−16℃枝状

−16～−22℃扇形板

−22℃以下空心棱柱

左图　温度及水蒸气含量决定了冰晶的形状，图中是不同温度下的冰晶（伊恩·穆尔斯）

第六章

云

云的分类

对云和其他大气现象的辨识非常有助于判断当下和未来的天气。

由于某些原因，许多人发现识别云相当困难，然而事实并非如此。云有十大类，且易于辨别。了解云的分类，你就会发现它们形状和特征之间的差异，最终能轻松掌握各种云的形状，看一眼天空，就可以判断正在发生的和即将到来的天气情况。

正如动植物一样，云的基本形状和变种采用拉丁语命名。1802年，英国科学家卢克·霍华德（Luke Howard）在题为"论云的种类"讲话中提出了云的分类，次年他在一本出版的书中也提出了

下图 天空布满多种云：高云层的高卷云、低云层的积云及（远处的）积雨云（作者）

这一分类。这种分类法相当成功，以至于霍华德创造的部分术语至今仍被使用。

同样与动植物相似的是，人们最初也采用拉丁术语将云分为两类：云状（称为云属）和云种。后来又有了第三个术语——云类，用来描述不同云的结构和透明度。这三个术语都描述云的外观。此外，还有伴随主云体出现的附属云，以及描述云的具体结构的附加特征。

这听起来像是个复杂的系统，该系统也的确包含了对各种云的详细描述。然而，本章所列图表能使你快速明白各个术语的含义，并有助于确定各类云及其特征的名称。云的不同形状、特征和特点能帮你辨别不同的云，后面的文章将对此详细阐述。随着对云的形成及演变的认识加深，基于云层高度和云的发展（或已经形成）方式，世界气象组织引进了一套更为复杂的体系及特殊符号，以供官方观察员使用，随后将详细介绍。但是如果目的为识别云，最好采用更简单的分类法。

总的分类如下：

■ 云属　　　总的形态

■ 云种　　　形状与结构

■ 云类　　　云的透明度与排列

■ 附属云　　伴随特定云出现的种类

■ 附加特征　独特外观的云

拉丁语和云

不同云属、云种和云类（以及附属云和附加特征）的名称都源于拉丁语。尽管随着时间的推移，这些名称的确切的含义和拼写发生了改变，但大多数仍与古典拉丁词语有关。"堡状"（castellanus）一词已成为标准用语，指一切与城堡相关的事物。据称，由于一次偶然的字典印刷失误，该词被当作"堡状"（castellatus）引用到《国际云图》（*International Cloud Atlas*）的一个版本里，而castellatus一词的含义是有雉堞或塔楼的建筑——这在描述云的结构方面更为准确。

卢克·霍华德早期对云的命名中，有三个拉丁术语至今仍在沿用，对细分云的种类助益极多。这三个分类为：

积云（cumulus，"块"或"堆"）积状云或直展云
层云（stratus，"层"）层状云或层云
卷云（cirrus，"卷""捆""簇"）卷云或毛发状云

世界气象出版的《国际云图》——权威的参考书，根据云的整体形态，把云划分为积云状和层云状两类。然而，基于云的成因（稍后进行介绍），另一种"卷状"云也是一个实用的分类。卷状云并非由水滴组成，而是由冰晶组成。

积状云
积云
层积云
高积云
卷积云

后三种云——层积云、高积云和卷积云的云体呈层状分布，体积通常非常大，因此既可以被归类为积状云又可以被归为层状云。

层状云
层云
雨层云
高层云
卷层云

卷状云
卷云
卷层云
卷积云

上图　清晨，第一缕阳光照射大地时天空中的积云
（作者）

云属

云可分为十大云属。每一属仅有一种云。换言之，一种云不能同时属于一个以上云属。然而，有时某种云可能演变成另一种云（例如，高层云可能演变成雨层云）。通常将不同云属的名称（及

云属
云的10个基本分类

云　属	国际简称	符　号	描　　述	页码
高积云	Ac	⏝	块状或卷状云，有明显的深色暗影，空隙分明，中云族	58
高层云	As	◿	无特别特征的云层，呈白色或灰色，中云族	59
卷积云	Cc	∕	云块小，无暗影，空隙分明，高云族	56
卷层云	Cs	∠	薄而均匀，无明显结构，高云族	57
卷云	Ci	⌐	纤维状结构，高云族	54
积雨云	Cb	⌒	庞大的塔状云，延伸到高空，底部混乱，伴有强降水	67
积云	Cu	人	顶部呈圆弧形突起，低云族	64
雨层云	Ns	⦦	呈灰暗色的中云族，云体低，向地面延伸，常降连续性雨雪	60
层积云	Sc	⦵	块状或卷状云的低云族，轮廓分明，有深色暗影	62
层云	St	- -	无明显结构，呈灰色层云，低云族	62

云种

描述云外形和结构的14个术语

云 种	国际简称	描 述	云 属	页 码
秃状云	cal	上升的云上端开始冻结，变得光滑	积雨云	68
鬃状云	cap	上升的云上端呈明显的纤维或条状结构；有的呈明显的卷云	积雨云	68
堡状云	cas	云底水平线上有明显的塔状突起	层积云，高积云，卷积云，卷云	59
浓云	con	垂直发展旺盛，云顶呈"花椰菜"状	积云	66
毛状云	fib	纤维状结构，多呈直条状或不规则的弧状，无明显的钩形	卷云，卷层云	57
絮状云	flo	块状云，云底混乱，有时呈明显的幡状	高积云，卷积云，卷云	59
碎状云	fra	碎片云，云的边缘和云底破碎	积云，层云	64、65
淡状云	hum	垂直发展较弱，云的水平宽度大于垂直厚度	积云	64
荚状云	len	云体呈透镜状或杏仁状，静止在空中	层积云，高积云，卷积云	58
中积云	med	是一种中度垂直向上发展的云块	积云	65
薄幕状云	neb	云层较薄，无明显结构	层云，卷层云	63
密卷云	spi	云体厚密，太阳光下呈灰色	卷云	55
层状云	str	具有较大水平范围的幕状云层	层积云，高积云，卷积云	58
钩卷云	unc	呈明显的钩状，向上的云簇常不可见	卷云	54

它们的两个字母缩写）的首字母大写，例如，积云（Cu）。特定的符号是用来标记天气图标上的各云属。

云种

云种术语描述了各种云之间的差异和具体特点。这种差异主要体现在云的内部结构，这意味着所有十个云属（高层云和雨层云除外）几乎都被细分为具体的云种。正如云属的名称，对云种的描述也各不相同。某云种可能仅属于一个

云属，然而，也有几个云种属于多个云属。其中一个例子就是"荚状云"，指的是透镜状、杏仁状或扁豆状的云。这种云可能是卷积云、高积云或层积云。云种的简称采用前三个字母。

云类

云类描述了云可能出现的非常具体的、可观测的特征。这些特征通常与云的透明度或云的排列方式相关。例如，呈明显波状结构的云是

上图　层状高积云位置极高，可被归为卷积云（作者）

上图　重叠的透光性层积云，云体间有明显缝隙（作者）

上图 雨间拍摄的雨层云下方的碎雨云
（作者）

"波状云"（呈波浪形），云层厚密完全
遮蔽日光的是"蔽光云"（不透明的）。

　　与云种相似的是，某云类描述可能
符合多个云属，然而，不同的是，任何
云都可能同时具有多个云类特征。例如，
云可以同时呈波状（波状云）且不透明
（蔽光云）。云类的简称采用前两个字母。

附属云

有三种特定形态的云（称为附属
云），可单独伴随十种云属中的某
一种出现，而在其他情况下不会出现。
与云类一样，特定时间会出现一种以上
附属云。附属云的简称采用前三个字母。

附加特征

云属和云种可能呈现出六种具体且
不同的特征。其中一些特征很常
见，另一些则十分罕见。云的这些特征
采用前三个字母作为其简称形式。

下图 日落时分拍摄的特征明显的大砧状云
（积雨云云砧），云后方的另一个云砧云也可见
（克劳迪娅·欣茨）

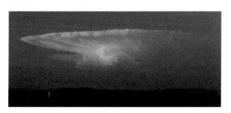

云类

描述云的透明度与云的排列方式的9个术语

云 类	国际简称	描 述	云 属	页码
重叠云	du	两层及多层云	Sc、Ac、As、Cc、Cs	50
乱状云	in	杂乱不规则的云体	Ci	55
网状云	la	云层较薄，有均匀分布的洞，像一张网	Ac、Cc、Sc	56
蔽光云	op	云层厚密，完全遮蔽日月光	St、Sc、Ac、As	63
漏光云	pe	云层分布广泛，透过缝隙可见蓝天、日月光	Sc、Ac	58、84
辐辏状云	ra	从空中的一点向四周扩散	Cu、Sc、Ac、As、Ci	83
透光云	tr	云体透明，透过云层可分辨出日、月位置	St、Sc、Ac、As	60
波状云	un	呈波浪形的碎云块、云片	St、Sc、Ac、As、Cc、Cs	57、62
羽翎云	ve	云体像肋骨、椎骨和鱼骨	Ci	N/A

附属云

仅随着十大云属之一出现的三类云

名 称	简称	描 述	云 属	页码
破片云	pan	位于主云体下方的碎片云	Cu、Cb、As、Ns	68
幞状云	pil	上升云团上方蓬状或帽状的云	Cu、Cb	68
缟状云	vel	范围较广的薄片云，旺盛的云团可以穿透此云	Cu、Cb	69

附加特征

云属或云类可能表现的6种具体形式的云

特征	简称	描 述	云 属	页码
弧状云	arc	弧形云或卷形云	Cb、Cu	69
砧状云	inc	铁砧状云	Cb	69
乳状云	mam	高云下方形成的喇叭状或袋子状的云	Cb、Ci、Cc、Ac、As、Sc	70
降水性云	pra	云中降水可降落到地面	Cb、Cu、Ns	70
管状云	tub	任何类型的漏斗云	Cb、Cu	71
幡状云	vir	雨（雪）幡：悬垂在云底下不接触地面的的丝缕状雨（雪）幡	Ac、As、Cc、Cb、Cu、Ns、Sc、(Ci)	71

附加词语

有时会用到另外两个术语。即后缀词"-衍生云"和"-转化云",分别简写为"-gen"和"-mut"。这两个后缀加在特定云属之后,表明当前的云由该云属演变而来。

若云体部分延伸,可能会发展成另一种云。新产生的云将按其云状重新命名,后面加上其源自的云属,附加上"衍生云"的后缀。例如,"积云性高积云"(Altocumulus cumulogenitus,简称Ac cugen),表明主云体高积云由持续的积云形成。

若云体的大部分或整体起变化,则可能发展成另一种云属。我们对新云种重新命名,后面加上其原云属的名字,附加"转化云"后缀。例如,"层云性层积云"(Stratus stratocumulomutatus,简称St scmut),表明层状云由之前的层积云转化而来。

前面的图表对各云属、云种和云类的特征做了简要说明,且附有更详细介绍的页码和插图供参考。此外,也列出了云属对应的云种和云类。然而,有些云类并不是随着所有云种,而是伴随某种云种才会出现。稍后进行详细介绍。

在图表中,为方便起见,将术语按照字母顺序排列,但应注意,云通常是按照具体云层高度排列,该机制和云层高度将在后面介绍。

下图 不同云族的典型高度范围
(伊恩·穆尔斯)

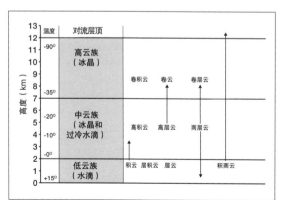

云层海拔高度

在讨论云时,必须将"相对高度"和"海拔高度"这两个术语区分开来。云层相对高度指观测者(可以是在小山丘或高山上)得到的相关云的云底和云顶之间的垂直距离。云层海拔高度是云(通常取云层底部或顶部上的一点)距平均海平面的垂直距离。

云族

据观测,主要云属的海拔高度分别位于距离海平面18 km(60 000 ft)的热带,将近13 km(45 000 ft)的温带,以及8 km(25 000 ft)的极地区域。(这不包括两种较罕见的云:贝母云和夜光云。)

在讨论大气中的云时,按惯例我们将其划分为三个云族,用"étage"一词表示(法语中"楼层"的意思):高云、中云和低云。(在测量报告中用C_H、C_M和C_L表示。)云族是根据云属出现的高度来定义的。用于定义的云属如下:

高云
■ 卷云
■ 卷积云
■ 卷层云
中云
■ 高积云
低云
■ 层云
■ 层积云

实际上,各云族常有重叠,且海拔高度随纬度的变化而变化。各云族的大致海拔高度范围如表。

应注意在云族的划分中,不包括某些云属。因为这些云属高度并不固定:

高云、中云和低云的云高范围

云　族	热　　　带	温　　　带	极　　　地
高云	6～18 km（20 000～60 000 ft）	5～13 km（16 000～45 000 ft）	3～8 km（10 000～25 000 ft）
中云	2～8 km（6 500～25 000 ft）	2～7 km（6 500～23 000 ft）	2～4 km（6 500～13 000 ft）
低云	2 km以下（6 500 ft）	2 km以下（6 500 ft）	2 km以下（6 500 ft）

■ 高层云一般被看作是中云，但也可能延伸至高云的范畴。

■ 雨层云也被看作是中云，但经常延伸至高云或低云的范畴。

■ 基于云底的高度，积云和积雨云被认为是低云，但这两种的云层极厚，可达中云或高云的高度，尤其是积雨云，可达到对流层顶。

若缺乏对云的大量观测或专业设备，很难精确估计云层高度。因此，在了解不同云状和特征时，常根据具体云的外形和形成原理来识别。在得知具体云层的高度后（可从一定高度的飞机上观测得出），利用该高度的云族和云属的知识，可帮助我们判断当前云属。

另一个须牢记的要点是：云在空中的某位置会显示一组特性，而在另一位置则显示其他特性。例如，高层云会分散成高积云。这类变化也是随着时间经常发生的。更为复杂的是，一些云层可能在任一时间出现，较低的云会部分遮蔽较高的云，以至于较高的云难以被识别。尤其是一些层状云，可能重叠排列着分布于多个云层（被称作重叠云），这就很难判断较高的云是否与较低的云属于同一种云。

卷云

卷积云
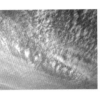

卷层云

高积云

高层云
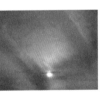

雨层云

层云

层积云

积云

积雨云

上图和左图是按云族对云进行的主要分类（作者）

云的形态

以下内容是关于云的形态及分类的介绍，各云属的内容里也大致介绍了云种和云类。其中，云种和云类按其出现的频率进行介绍。云类（简称）常出现在云种简称之后，但下文中云种已省略。本书并没有对各云属的云种及云类一一详述，而是介绍了一些重要的云，尤其是因体现出某特征可作为云类及云种的例子而著称的云。

附属云和附加特征的介绍在主云属内容之后，有的也会在每个云属内容里有所提及。

高云

卷云（Ci）

高云族的三属云均由冰晶组成。其中，卷云最为常见，被称为"马尾云"。

卷云具有丝缕状结构，并有柔丝般的外表，常称作"马尾云"。这些云丝呈条状、弧状、一头有钩子或乱团状。常见的是钩形云（属钩卷云），一头有小簇，有点像拖长的逗号。卷云的小簇是其"头部"，冰晶就是在此形成的，冰晶在慢慢下落的过程中，因风切变而形成幡状的曳尾。有时风切变很弱，冰晶下落时呈现不规则的运动冰层，形成较长的垂直拖尾。

极少数情况下，冰晶的拖尾变厚，且水平地分布在天空，这时会形成悬球状的乳状云。

卷云的"头部"常是稍厚的云块，然而某些情况下，絮状卷云的"头部"

1. 图中低气压前的卷积云，表示着风向由高空西北风转向低空西南风
（作者）

2. 厚度适中的毛卷云常是卷层云的前身
（作者）

3. 钩卷云，即钩状卷云布满天空
（作者）

4. 远处的积雨云云砧由厚密的积云形成
（作者）

5. 卷云中呈现的幻日（虚假太阳）景象
（作者）

最左图 杂乱的乱卷云（作者）

左图 图中密卷云呈白色，但由于云体十分厚密，背光时呈灰色（作者）

却呈小块孤立的圆形，十分明显。卷云的"头部"常在晴空形成。有时这些团簇也由低层的堡状云抬升形成。

平行条状卷云（辐辏状卷云）也很常见，这些卷云带常因高空高速急流形成，伴随高空的高速风，呈现为成团的卷状云。急流卷云上也常见横向巨浪。

高空中的卷云呈白色，通常比其它云层透亮。然而，当卷云增厚时，云层会十分厚密而在日光下呈灰色。例如密卷云，甚至会厚得能遮蔽日光。日落时，较低的云层呈黄色、橘色或红色，而卷云仍是白色，因为它的高度很高，即便日落也能受到阳光的充分照射。不久，卷云也染上色彩，而此时，较低的云层则如黑色暗影。

卷云常呈现一些光学现象——尤其是绚丽的幻日，在卷云厚度适中时相当显著；但如果是块状云，而不是分布广的卷层云，偶尔会出现较短的弧光，但很难观测到较大的晕现象。

卷云或由卷积云、高积云形成，偶尔由破碎的卷层云形成。厚密的卷云常由积雨云（砧状积雨云阶段）形成，这

种云在母云消散后，常在空中残留很久，形成"脱离主体的云砧"。低气压区冷锋过境后也会出现类似的卷云。

当飞机的凝结尾迹（尾迹云）在空中冷却时，常形成卷云。基于实际情况，这种尾迹可持续很久，从而在空中形成分布较广的卷云带。

卷云云种

毛卷云	（Ci fib）	纤维状卷云
钩卷云	（Ci unc）	钩状卷云
密卷云	（Ci spi）	厚密的卷云
堡状卷云	（Ci cas）	塔状卷云
絮状卷云	（Ci flo）	簇状卷云

卷云云类

乱卷云	（Ci in）	乱状云
辐辏状卷云	（Ci ra）	条状云
羽翎卷云	（Ci ve）	像鱼骨的云
重叠卷云	（Ci du）	多层重叠的云

卷云的附加特征

乳状云	（mam）	

右图 远处天空的卷积云逐渐变成更厚的卷层云
（作者）

右上图 分布广泛的网状卷积云
（作者）

右下图 卷积云向上的云簇产生雨幡，形成卷层云
（作者）

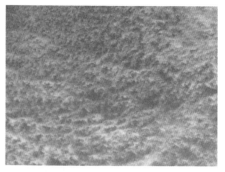

卷积云（Cc）

卷积云往往不显著，且容易被忽视，一方面是因为其云层薄，不能完全遮蔽日光；另一方面因为其个体云块相对较小。区别卷积云和较低层高积云的一个标准是：以地平线30°的仰角测量，云块的视角宽度小于1°的是卷积云。卷积云无暗影，这也是区别于高积云的一点。

卷积云（层状卷积云）远不如类似的高积云和层积云有特点。这主要是因为，较高的高度使云块显得很小，并且卷积云的云层通常很薄。（事实上，这三种云属间存在基于实证的关联：云层越低，云块越大，云层就越厚。）有时卷积云呈细波状（波状卷积云），相比之下，云层可能极低而难以与天空背景区分开来。

通常，卷积云云层极薄，透过云层可辨日月位置，地物有影。云体主要由冰晶组成，而云内的过冷水滴通常也会迅速冻结成冰晶。云粒大小均匀，常引

卷积云云种		
层状卷积云	（Ci str）	大片层状的卷积云
荚状卷积云	（Ci len）	透镜状卷积云
堡状卷积云	（Ci cas）	塔状卷积云
絮状卷积云	（Ci flo）	簇状卷积云
卷积云云类		
波状卷积云	（Cc un）	波状卷积云
网状卷积云	（Cc la）	多孔卷积云
辐辏状卷积云	（Cc ra）	条形排列卷积云
卷积云的附加特征		
幡状云	（vir）	
乳状云	（mam）	

起（尤其是）日冕和彩虹现象。

尽管卷积云常呈层状，以片状或小块状广泛分布于天空，但它也可能在高空中呈柔丝般的波状（荚状卷积云）。有时，卷积云呈堡状，云上端有凸起的云塔，或呈孤立的云簇（絮状卷积云）。最不常见的也许是网状卷积云，薄薄的云层像是布满了形状比较规则的洞。

当浅对流将卷层云分散成小块云时，常形成卷积云。卷积云还可由衰退的高积云形成，少数情况下，经卷云加厚堆积而成。

当空中布满排列规则的波状和辐辏状卷积云（或高积云）时，人们常称之为"鲭鱼天"，因为此时天空像鱼鳞。这两个云类常见于急流卷云，但排列通常不是特别规则。

卷层云（Cs）

虽然人们对不同云属有所了解，但卷层云是高云族这一事实常被忽视。卷层云常以薄云幕的形式逐渐布满天空。一开始，云层不足以遮挡日光，随着光照强度逐渐减弱，人们才意识到，云幕已布满天穹。有时，卷层云无明显结构——如薄幕状卷层云——其存在的唯一迹象便是天空中有一层乳白色。然而，通常情况下，即使卷层云呈孤立的片状，也有明显的纤维结构，我们称之为毛卷层。卷层云云层很薄，透过云层日（月）位置可辨，地物有影。

有时卷层云的边缘轮廓很清晰，但通常情况下，卷云逐渐增多，直到卷层云部分或全部遮蔽天穹。这常在低压的暖锋过境前出现，此时，卷层云逐渐增厚，向锋面下降，最终形成一层高层云。

左图 分布广泛、十分厚密的毛卷层云（作者）

左图 典型的卷层云，伴有22°日晕现象（作者）

卷层云本身或许并不吸引人，但它产生的大量晕现象却引人注目。其中包括22°和46°的晕、幻日（假太阳）、幻日弧光，以及许多其他弧光和光点现象（稍后对此及其他光学现象进行介绍）。这些光学现象十分显著且常见，常表示卷层云的出现。然而，当云层较薄时，这些现象很短暂，但也最显目。当云层增厚时，这些现象

下图 夕阳照射下的波状卷层云（作者）

卷层云云种

毛卷层云	（Cs fib）	毛状卷层云
薄幕状卷层云	（Cs neb）	均匀的卷层云

卷层云云类

重叠卷层云	（Cs du）	多层卷层云
波状卷层云	（Cs un）	波形卷层云

就会消失。

如前所述，卷层云常出现在暖锋过境前，或由积雨云产生的羽状卷云延伸而成。有时，卷积云中下落的冰晶可形成卷层云。在极少数情况下，经高层云衰退残留而成。

右图　特征明显的漏光层状高积云
（作者）

右图　远处山脉间流动的风在其波峰处形成荚状高积云
（作者）

右图　一连串荚状云沿着低山的顺风方向移动到山的右侧
（作者）

中云

高积云（Ac）

高积云与高层的卷积云和低层的层积云有许多共同的特征。与这两种云一样，高积云也是由云块组成，云缝处可见蓝天。以地平线30°的仰角测量，高积云云块的视角宽度大于1°（卷积云的视角宽度），小于5°，这点使其与其他云区分开来。另一个区分点是暗影的强度，高积云的暗影弱于层积云的黑色暗影，而强于层积云（无暗影）。

正如这些相似的云一样，高积云常是排列规则的云块，呈圆形、扁平"薄饼状"或较大的云团。这些云块的暗影程度有所不同，云缝处可见蓝天。若云块聚集，云底常呈波浪状，这在黎明或黄昏光照暗时尤为明显。

有时云块呈孤立的团簇状（絮状高积云），或由底部平坦的堡状高积云抬升形成。这两种云表明所处气层不稳定。如果低层的积云上升到该气层，会迅速发展成浓积云或积雨云，可能带来暴雨或雷雨天气。高积云常伴有雨幡的出现，若云成群排列的话，云底会形成明显的乳状云，这比卷云下的乳状云更清晰。

高积云在透光性上有很大差异。它可以很厚，完全遮蔽日月位置；也可以很薄，透过云层，日月位置清楚可辨。高积云可能全由水滴（尽管常由过冷水滴）组成，但通常由过冷水滴与冰晶混合组成。由此，实际情况下，高积云经水滴的衍射（如日冕和彩虹）和冰块的衍射（幻日和太阳光柱）呈现不同的光学现象，然而这些晕现象并不常见。

如卷积云和层积云一样，高积云也由湿空气抬升而成；或由当前云层（通常是高层云，偶尔是消散的厚密雨层云，尤其是处于低气压的云层）的分裂形成，高积云常出现在高层云的边缘部分，偶尔由卷积云增厚形成。

由于云的高度和总体结构，以及光照等因素，高积云（特别是遮蔽大半天空的层状高积云）会呈现一些奇特的外观。如有风切变，波状高积云会形成极为显著的波浪，并覆盖天空。

莢状高积云可能拥有最为奇特的外观。它是一种波状云，云体呈透镜状或杏仁状，常静止在空中。在特定情况下，多层湿气层会形成大块莢状云。法语称之为"pile d'assiettes"（重叠的云层）。经双筒望远镜仔细观测会发现，莢状高积云在逆风面冷凝形成，在顺风面消散。如风向和风速稳定，这些云可在空中始终呈静止状态，一旦风向或风速改变，云就会消散或改变位置。然而，某些情况下，莢状高积云并非孤立分散在空中，而是在山脉顺风面形成一长串波浪云。

尽管卷积云和层积云都可以呈莢状，但莢状高积云往往更加引人注目，一方面因为卷积云通常很薄（很高），因此难以观测（除非观测者位于高山上）；另一方面因为莢状层积云恰恰与此相反：云层太低不利于细致的观测，且厚密的云层常使波状云十分模糊。

高层云（As）

有时高层云被描述成一种无趣乏味的云。实际上，高层云的出现常预示

左图　分布广泛的絮状高积云，预示着高空中大气的不稳定性（作者）

左图　南海岸拍摄的伴有雨幡的絮状高积云。次日，不稳定气流抵达苏格兰上空，并带来大暴雨甚至龙卷风天气（作者）

左图　堡状高积云的塔状反应了云层所在高度大气的不稳定性（作者）

高积云云种

层状高积云	（Ac str）	大片层状的高积云
莢状高积云	（Ac len）	透镜状高积云
堡状高积云	（Ac cas）	塔状高积云
絮状高积云	（Ac flo）	簇状高积云

高积云云类

透光高积云	（Ac tr）	透明高积云
漏光高积云	（Ac pe）	有缝隙的高积云
蔽光高积云	（Ac op）	不透明的高积云
复高积云	（Ac du）	多层重叠高积云
波状高积云	（Ac un）	波状高积云
辐辏状高积云	（Ac ra）	条形排列高积云
网状高积云	（Ac la）	多孔高积云

高积云的附加特征

幡状云	（vir）
乳状云	（mam）

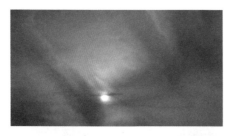

右图 暖锋过境前，高层云逐渐加厚
（作者）

右图 锋面系统过境后，高层云开始分散破碎
（作者）

右图 暖锋过境前，透过透光高积云云层，太阳位置清楚可辨
（作者）

右图 高层云显示出一些特征，据此可以将其归类为辐辏状高层云
（作者）

高层云云类

透光高层云	（As tr）	透光的高层云
蔽光高层云	（As op）	不透明的高层云
重叠高层云	（As du）	多层重叠的高层云
波状高层云	（As un）	波形高层云
辐辏状高层云	（As ra）	条形排列高层云

高层云附属云

| 破片云 | （pan） |

高层云的附加特征

幡状云	（vir）
降水性云	（pro）
乳状云	（mam）

着暖锋的到达，且云层水平分布范围很广，可达几百千米，垂直厚度也很大，可达几千米。在暖锋锋面，高层云常由卷层云降低加厚形成，云层初期呈纤维结构，但该纤维结构会逐渐消散，变得无明显特征。高层云初期发展阶段是透光高积云，透过云层，如隔一层毛玻璃，但可模糊判定日月位置，地物有淡的影子。随后云层变得不透明（蔽光高层云），且地物无影。

高层云由微小云滴（通常是过冷水滴）、冰晶和雪花混合组成。尽管有时高层云的边缘完全由水滴组成，使日月周围呈现略淡的彩虹色或部分日晕现象，但是这种由不同颗粒组成的混合物表明了其很少能呈现光学现象。

高层云常带来雨、雪和冰丸等大量降水。云层下方常伴有雨（雪）幡，当云层布满天空时，常使其呈条纹结构。同样的，云底下方也常出现破片附属云。

虽然在中纬度地区，高层云被观测到常出现在暖锋过境前，但也常会由锋面系统过境后的雨层云形成。如果旺盛的积雨云和雷暴系统中部或上部延展，高层云也可在低纬度地区形成。这类高层云往往形成于系统过境后。（类似的高层云也可在中纬度地区形成，但此情况下层积云和层云更为常见。）

如前所述，高层云无云种分类，只有五个亚云种云类。

雨层云（Ns）

雨层云是外形极少变化的一个云属。云的种类既不多，也不像高层云有多个亚种分类。仅有一个附属云（破片云）和两个附加特征（降水性和雨幡）伴随出现。

雨层云分布极广，在移动的暖锋过境前出现，由温暖潮湿的空气系统缓慢上升冷却而成，也常由高层云降低变厚形成。当雨层云出现在缓慢移动的锢囚锋面时，会带来持续数日的雨、雪天气，并可能因此造成洪水或最严重的降雪。

与高层云不同，雨层云的云层很厚，能完全遮蔽日月位置。云层向上延伸可超过中云族到达高云族，向下延伸可达地平面。由于垂直分布范围极广，雨层云也是由多种云颗粒组成：液体水滴、过冷水滴、雪和冰晶。云层常带来长时间连续暴雨，但当地面温度降到零度以下，雨水会迅速结冰形成雨凇（透明薄冰）。当雨层云移动在强冷空气上方时，会带来异常的强降雪天气。

有时，雨层云可由高积云或高层云加厚形成。在极少数情况下，雨层云可由浓积云、积雨云或雷暴系统延展而成，但与低气压分布较广的云层相比，这些云的发展相对有限。

庞大的积雨云、多单体雷暴和超级单体雷暴在空中分布较广，特别是这些云（如雨层云）有附属破片云伴随出现时，其云底与雨层云的云底相像。然而，在这种情况下，通常比较容易判断会是哪种云出现，尤其是有雷电现象或降冰雹时，可以肯定有对流云存在。夜间，如云层产生降水（雨或雪）到达地面，按常理推断该云为雨层云，而非高层云。

厚密的层云常与雨层云混淆，然而层云从不产生强降水，常降毛毛雨、米雪或微小冰晶。

雨层云的附属云	
破片云	（pan）

雨层云的附加特征	
降水性云	（pra）
幡状云	（vir）

下图 锋面系统过境后雨层云开始分散（作者）

下图 几乎持续的降水间隙拍摄的雨层云下的碎雨云（作者）

低云

层积云（Sc）

层积云是一种变化多端的云，在厚薄、色彩上有很大差异，云层水平范围

右图　巴黎上空厚密的层积云
（作者）

右图　层积云云块间有明显缝隙，缝隙处可见曙暮辉光
（作者）

右图　波状层积云中明显的波浪
（作者）

分布广，云块常成群、成团、或成"薄饼状"排列，有明显暗影。层积云与较低的、灰黑的高积云相似，但层积云的云块较大，如以地平线30°的仰角测量，其云块的视角宽度大于5°。

尽管层积云云块排列规则，但有的云块个体较大，可能被认为是层云。

层积云云底轮廓清晰，常连在一条水平线上。然而，如果可以观测到云顶（通过云层上的飞机或高山观测），它可能极不平坦。层积云云层相对较薄，但其水平分布范围极广，常布满整个天空。（层积云在海洋地区尤为常见。）层积云（如重叠层状层积云）常分布在多个的云层，尽管透过低云层的缝隙难以观测到较高层的云。

层积云主要由两种途径形成。一种成因是处于低气压系统的稳定湿空气，被迫沿高地抬升，或因日照或风速的增加使雾或低层云上升形成。云上端向周围空气释放热量时（甚至在白天），层云中产生浅对流，冷空气下沉，形成云层间的缝隙。

另一种原因，是在空气对流运动较弱的白天，较弱的热气流在发展成淡积云时遇逆温阻抑，并横向发展成层积云。然而，较强的热气流会冲破逆温层并继续上升。最强的热气流会形成浓积云或积雨云。

局部的层积云常形成于强阵雨和雷暴天气系统之前，此时，气流被卷吸入该系统。孤立的云块会在空中停留一段时间，但在对流系统后会消散。

层云（St）

层云是高度最低的云属，云底高

层积云云种		
成层状层积云	（Sc str）	大片层积云
荚状层积云	（Sc len）	透镜状层积云
堡状层积云	（Sc cas）	塔状层积云

层积云云类		
透光层积云	（Sc tr）	透光层积云
漏光层积云	（Sc pe）	有缝隙的层积云
蔽光层积云	（Sc op）	不透光的层积云
重叠层积云	（Sc du）	多层重叠层积云
波状层积云	（Sc un）	波形层积云
辐辏状层积云	（Sc ra）	条形排列层积云
网状状层积云	（Sc la）	多孔层积云

度最高仅500多米。层云常笼罩高层建筑顶部，有时像雾——被看成地面的层云。层云云体均匀，有时云层非常薄（如透光云），有时云层极厚（如蔽光云）能完全遮蔽日月位置。云层继而呈灰暗色，天空变得沉闷。层云云底轮廓通常比较明显，但并不清晰（不像积云和层积云的云底）。云底时而呈波形（波状云），但从上面观测时，云顶平坦，无明显结构。

层云通常主要由水滴组成，因此当云层很薄时可呈现日月华现象。虽然有时云层由细小冰晶组成，但其呈现的晕现象（经报道）却为极罕见。

当暖湿空气流经较冷的陆地或海洋表面时，常形成层云。云层的特性主要取决于风速、空气和物体表面之间的温差。风速低时，空气波动小，最底层的空气首先冷却（即使温差较小）形成地面雾。风速略高时（3～6 m/s或10～20 km/h），空气波动大，较大范围的空气冷却。随后混合云层的顶部开始形成层云，如果乱流混合作用和空气冷却继续存在，云层就变厚向地面降落。海拔适中的山顶可能位于云层上的晴空。风速较高时，更大范围的空气流动冷却，则不会形成层云。然而，当空气和物体表面之间的温差较大时，层云可

接近地表。如设得兰群岛（Shetlands）遭遇的臭名昭著的"十级大雾"，就是在暖湿空气流经极冷海洋表面时形成的。

海上生成的层云可被带到陆地。在苏格兰东海岸和英格兰北部地区，这种较低的云被称为"哈雾"（harr）。哈雾常产生于春季和早夏季节，由向东的微温空气流经过北海冰冷的海水时形成。该云初期是破片状碎层云，随后逐渐加厚形成薄暮状层云。

由于层云形成时的大气条件相对稳定，因此云层上方的山顶或极高的建筑可能处于晴空或阳光照射下。然而，通常强劲的风迫使湿空气沿山坡爬升，因此山顶被云层笼罩，而较低的山坡、山谷和周围的平原则无云产生。

层云常由清晨时近地面的薄雾抬升而成。日光穿过薄雾加热地面，薄雾抬升成层云。渐渐地，近地面的空气温度开始升高，层云也逐渐消散。风速和气层的大范围波动也会使云层消散。有时碎层云在山谷或山腰间停留，偶尔也会受平缓气流影响沿山坡爬升。英格兰部分地区称这些碎层云为"牛郎"（call-boys）。

层云可由层积云转化而成，云层内无对流运动，否则会产生孤立的云块。

最左图 斯诺登峰（Snowdon）峰顶被蔽光层云遮盖（戴夫·加文，Dave Gavine）

左图 薄暮状层云云层极薄，透过云层可见太阳位置，但除此之外，并无其他特征（作者）

右图　低压中暖区域形成的碎层云（戴夫·加文）

最右图　波状层云呈罕见的条纹结构（作者/邓肯·沃尔德伦，Duncan Waldron）

层积云云底轮廓模糊，无较明亮或灰暗区域，并向地面接近。相反，如果风把层云带到较高的地方，或云层内部有对流运动，那么层云可能转化成层积云。

极少数情况下，层云（特别是波状层云）会呈灰暗色纤维结构，与高空毛卷云的纤维结构有几分相似，然而相比之下，层云更加灰暗，且离地面更近。

层云常以碎层云形式出现，随后合并成薄暮状层云。这种碎片层云与碎积云极像，但由于形成条件不同，也就很容易将其区分开来。

不规则的层云碎片（即破片云）常出现在能产生较强降水的云层下方，如雨层云和积雨云。这种碎片云实际上是附属云，稍后会对此介绍。

积云（Cu）

积云是一种很常见的云。它呈白色块状结构，通常轮廓分明，云底较暗且平坦。积云常见于晴天，只有一种云种分类——浓积云——有时可产生降水。

积云由上升的热空气形成，热空气在上升过程中，冷却达到露点，水蒸汽由此凝结成云滴。由于水汽的凝结高度是一致的，所以所有积云的底部也在相同的高度。当空中有大量积云时，可以清楚地看到云底都在相同的高度上。通常夏季云底比冬季高，因为夏季空气更干热，热气流需上升更高才能凝结。相似的，下午的云底也比上午高。

清晨，积云形成初期，上升的热气团较小，往往与周围的空气融合，使小云滴很快蒸发掉。因此，清晨的云通常

层云云种		
碎层云	（St fra）	破碎的层云
薄暮状层云	（St neb）	均匀的层云

层云云类		
蔽光层云	（St op）	不透光的层云
透光层云	（St tr）	透光的层云
波状层云	（St un）	波形的层云

层云的附加特征		
降水性云	（pra）	

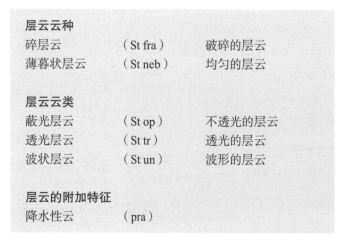

上图　发展成熟的"晴天"积云（作者）

是破碎的小云块，且易于消散。这些破碎的云被称为碎积云。午后，云体开始变大，在空中维持的时间更久，且在凝结层上方发展旺盛。然而，积云的一个显著特征是云块多不相连，即使云块增大时，云缝处仍可见蓝天。

只要积云中存在热气团，云顶就会呈圆弧状，这意味着云内热气团仍在上升，且积云也在不断上升。当热气团停止上升时，云体开始蒸发消散。傍晚时，日照强度减弱，若无其他因素的影响，积云会很快衰退，数量减少，分布范围也开始缩小。积云的形状取决于白天的天气情况，但常是破碎的小云团，与清晨时云的形状相似。此阶段的云再次成为碎积云。

随着碎积云的发展，云底开始变得平坦，云顶呈圆弧状。如果云的水平宽度大于垂直厚度，形体扁平，则该云为淡积云。淡积云常见于清晨，如继续发展，则形成中积云。然而，淡积云的形成往往是由于云内对流运动受到阻抑，云体向上发展受到限制，从而形成扁平的云顶。这常发生在低气压的暖锋过境前，此时，高层卷云位于低层淡积云的上方。如遇反气旋情况，下沉气流（和暖气流）会阻止热气团上升到深层大气中，此时，也会形成淡积云。

积云发展的下个阶段是中积云。此时，云体向上发展明显，云块顶部呈弧状突起。云体大约呈三角形，其整体厚度小于或大约等于云底的宽度。如遇强风，这类云开始出现沿顺风方向发展。

云体更庞大的积云被称为浓积云。浓积云向上发展旺盛，其垂直高度大于云底水平宽度。云顶通常白亮，状似花椰菜。云的顶部轮廓清晰，在衰退过程中渐渐消散，但无纤维状结构。浓积云表明空气对流运动旺盛，在热带地区，常产生降水。在中纬度地区的夏季，云

右图　发展旺盛的浓积云，正进入秃积雨云阶段，云下方有少量旺盛的积云
（作者）

最右图　云的色彩呈鲜艳对比，图中云在阳光直射下色彩白亮，但在临近的庞大积云团的暗影之下却呈暗黑色
（作者）

层也可以很厚，并带来阵雨。

浓积云常与积雨云混淆。实际上，积雨云是由浓积云发展形成。在冬季的中纬度地区，带来强降水的对流云——并非层状云——很可能是积雨云。而在其他情况下，如没有冰雹、雷电等降水天气，那么厚密的云层就是浓积云。浓积云个体高耸，名为幞状云的附属云常（"帽子云"）伴随其出现。如产生强降

水，云体下方常出现破碎的云片。浓积云内部对流旺盛，因此可产生管状云，例如漏斗云、海龙卷或陆上龙卷风。

积云通常洁白光亮，但与其它类型的云一样，云的色泽取决于受光程度和观测位置。阳光照射时，云顶白得耀眼，而云下部则出现灰色或蓝色暗影，尤其是当下部云层较薄且开始蒸发时。当位于其他云的阴影中，尤其是这种云受强光照射的情况下，积云完全呈黑色。

尽管积云常由地面热气团上升形成，但它也可由层云、层积云或高积云分裂而成。例如，夜间形成的层云，早晨受到阳光照射时，开始上升分裂成层积云，随后层积云分裂成积云云块。积云通常表明大气层结不稳定。

反过来，积云也可向其他云属演变。例如，积云可能向上发展，遇到逆温层，在那里温度随着高度的增加而升高。积云水平发展成层积云（云层呈"薄饼状"、有狭小缝隙），并逐渐布满全天。当逆温层较厚时，可形成高积云。

虽然积云由水滴组成，但一般不会产生降雨。因为积云的云底平坦，而降雨云云底通常参差不齐，可能看到降水水柱。又如浓积云，可降阵雨，是热带地区的雨水来源，但它只出现在夏季的温带地区。

积云云种

碎积云	（Cu fra）	破碎的积云
淡积云	（Cu hum）	扁平的积云
中积云	（Cu med）	中展积云
浓积云	（Cu con）	堆积云

积云云类

辐辏状积云	（Cu ra）	条状排列的积云

积云的附属云

幞状云	（pil）
幔状云	（vel）
破片云	（pan）

积云的附加特征

幡状云	（vir）
弧状云	（arc）
降水性云	（pra）
管状云	（tub）

积云云体较小，紧密地间隔排列着。虽然从远处看，很难与层积云和高积云区分，但一般情况下，积云不易与其他云混淆。仔细观测（如利用双筒望远镜），看云体是否向上发展或云底开始融合，若没有，该云被视为积云。如果与浓积云进行区别，则会有一定困难，因为浓积云与积雨云有许多相同的特征。

浓厚庞大的云体

积雨云（Cb）

积雨云云浓而厚，其云底接近地面，云顶可达对流层顶，云体高耸可贯穿所有之大云族的高度。即使小块积雨云也会产生强阵雨，而庞大的云体则会带来雷电、冰雹和大风等天气。在非常大尺度的天气系统下，甚至可产生龙卷风。

积雨云云体庞大，其细节特征难以判断，观察者只有离云体足够远，才能清楚看到云的上端。积雨云非常浓厚，在受到阳光充分照射时很白亮，但被遮荫的下部则呈暗灰色或黑色。云底十分阴暗，参差不齐，并伴有雨、雪或冰雹等强降水，有时会出现悬垂的雨幡。

积雨云由浓积云发展而来，最初这两类云也难以区分。若上升云团的顶部轮廓明显清晰，则常被认为是浓积云。当云的顶部开始冰晶化，则其轮廓开始变得模糊，这时被称作秃积雨云。（这里有些矛盾，因为拉丁语"calvus"意为"光秃的"，通常形容坚硬光滑，而非"有点模糊"。）随着云顶冰晶化的进程加快，云体开始呈条纹纤维结构，此时进入了鬃积雨云阶段。云层进一步发展，云顶开始呈卷状结构，巨大的砧状卷云遮蔽大半个天空。

在对流发展极盛阶段，云团高度可达对流层顶，在受到逆温层的阻抑时停止上升。（如云内上升气流极其旺盛，则云团可穿越对流层顶，并在平流层最低部形成圆顶状云，这种圆顶突起被称为"上冲云顶"。）云团到达对流层顶时，水平铺展开来，此时卷云呈砧状，被称作砧状积雨云。砧状云沿风的去向延展，形成于积雨云前方。然而，通常情况下，当对流运动极其旺盛时，冰晶沿逆风方向延伸，从而形成较短的、悬垂的云层，此时不再是砧状云。云的这种悬垂拖尾的部分，极像袋子状的乳状云。

冬季，云层的凝结高度非常低，因此积雨云通常也很薄。尽管如此，云层仍可带来强降水。这就是云层中常见的"大湖效应降雪"（lake-effect snow），如加拿大北极地区一股强冷空气经过较暖的北美五大湖时汲取到充沛的湿空气，

左图　至少有三个发展旺盛的积雨云团，其中最远的积雨云已有云砧形成
（作者）

左图　正向摄影师移动的发展成熟的砧状积雨云
（作者）

右图 旺盛的对流云，其顶部开始模糊，由此进入秃积雨云发展阶段
（作者）

右图 同一对流云，已经出现明显的条纹，开始发展成鬃积雨云
（作者）

这种情形常出现。随后在湖岸形成强降雪，例如纽约州布法罗（Buffalo）上空类似的降雪天气。

由于云内对流运动极盛，上升气流往往将四周空气卷吸进入。虽然云可能沿着梯度风方向移动，但云底这种卷吸力度之大，会使观测者认为云正在向风"逼近"。这种空气的流入可产生滩云或拱形云（弧状云）。

同样，暖空气的流入常形成新的上升单体，这种单体常在积雨云的一侧发展。通常这些新生的单体群具有积雨云的所有特征，因此，不同发展阶段的单体群会沿顺风方向发展。这种"多单体雷暴"以及更强烈的"超级单体雷暴"将在后面详细介绍。

附属云

附属云仅有三种分类，因此很容易辨识。

碎片云（pan）

碎片云（或"飞云"）是位于积云、积雨云、高层云或雨层云下方不规则的小云片。这类云被看作碎云的极端形式，常见于低气压雨层云或积雨云下方。主云体的降水使云层下方空气冷却，达到露点，从而形成此类破碎的云片。碎片云在高积云下并不常见，但偶尔会出现在降水的积云（例如浓积云）下方。

幞状云（pil）

幞状云，又称"帽子云"，是指积云或积雨云内的上升热气流遇湿气层时，被迫抬升，湿气层绝热冷却达到露点，从而在云顶上方形成有形的"帽子状"的云幕。最初，幞状云十分清晰地独立于主云体之上，然而，上升的热气

积雨云云种

秃积雨云	（Cb cal）	光滑的（"光秃的"）积雨云
鬃积雨云	（Cb cap）	纤维状积雨云

积雨云没有亚种分类，但三种附属云和六种附加特征常伴随一种云或云团出现。

积雨云的附属云

破片云	（pan）
幞状云	（pil）
幔状云	（vel）

积雨云的附加特征

降水性云	（pra）
幡状云	（vir）
砧状云	（inc）
乳状云	（mam）
弧状云	（arc）
管状云	（tub）

1. 雨层云下方的湿空气中，大范围的碎片云（作者）

2. 幞状云：湿气层经对流运动抬升至露点温度形成

3. 伴随积雨云和积云后方的一层缟状云（作者）

流逐渐穿透"帽子"中心，使其围绕在云顶四周，呈现与缟状云类似的结构。最终，热气流四周的空气与湿空气一并注入上升的循环气流中，幞状云由此消失。

缟状云（vel）

与幞状云一样，缟状云也常伴随积云或积雨云出现，但缟状云分布较广，其薄云层或云幕可使积云云顶穿透。这种云可以被认为是层云，或已经存在，或经广义对流抬升形成，随后热空气强烈上升，从而产生突起的积云云顶。这种云比较罕见，午后，随着对流运动消失，积状云消散，云层仍可在空中停留很久。

附加特征

虽然云可以呈现多种形状，但只有一些（六种）独特的形态有具体的名称，且易于识别。

弧状云（arc）

弧状云是一种长长的、浓厚的圆弧状云，有时其边缘破碎，常伴随积雨母云，或发展旺盛的庞大浓积云出现。该弧状云下部云层清晰，厚度十分均匀，在空中呈弧形分布。在不同天气情况下，弧状云的色泽也不同，时而明亮，时而十分阴暗。"卷轴云"常指弧状云，但卷轴云和滩云均是特征十分明显的弧状云。弧状云在强大的多单体雷暴和超级单体雷暴中尤为常见。最为壮观的也许是澳大利亚北部上空有飑线伴随出现的卷轴云，这种云被称为晨暮之光（morning glory）。

砧状云（inc）

"砧状云"这一附加特征不易与其他云混淆。砧状云仅伴随积雨云出现（砧状积雨云），由对流单体上升过

左图　出现在庞大积雨云团前沿的云层。气流随着上层光滑的表面上升至移动的云（作者）

右图　砧状积雨云形成于移动的冷锋前缘，在锋前罕见的晴空中可见
（作者）

右图　从卫星轨道拍摄的上冲云顶图像，发展旺盛的积雨云穿透对流层顶，进入平流层下层
（NASA）

程中遇逆温层的阻抑形成，对流发展较弱，无法冲破该逆温层，而被迫向四周散开，从而使云层呈扁平状。尽管逆温层可出现在不同的高度，但对流层和平流层（对流层顶）分界线上的强大冷空气，足以阻止极为旺盛的积雨云的发展。

低温使云层出现冰晶化，受高空较高风速的影响，冰晶云在其顺风方向上扩展得很长。由于上升云团内对流运动强盛，云层也在其逆风方向上扩展开来，但扩展得较短，由此形成了铁砧状的外形。云体沿顺风发展，因此，逆风面的云将形成积雨母云的拖尾。云的另一种附加特征是乳状云，常形成于悬垂云拖尾的下方。

尽管对流层顶使积雨云向上发展受到阻挡，但发展极为旺盛的云团可进入平流层，使平坦云层上形成小云堆，这就是"上冲云顶"。这种云堆有时可以从地面观测到，但经常被下层的

云遮掩。在飞机或卫星图像上可清晰观测到。

乳状云（mam）

云下方隆起的袋子状就是乳状云（胸部或乳房的意思）。尽管砧状积雨云悬垂的云砧下方的乳状云最引人注目，但乳状云可以在多种云（如卷云、卷积云、高积云、高层云、层积云和积雨云）的下方形成。关于乳状云的形成没有达成一致的见解，且不同云下方的乳状云形成方式也不同。当下沉的冷空气与下层暖湿空气相遇时，空气冷却达到露点，形成云滴。这种效应有时被称为"上下颠倒的对流"，因为这反映了上升热气流内空气的流动情况。

多数云团下方的乳状云相对较小，且不明显，但积雨云云砧下方的乳状云则格外大。这种大型乳状云较圆，呈近乎球形的袋子状，在低位日照的照射下，特别是暗色背景的映衬下，尤其引人注目。云砧顶端向周围大气中释放热量，使空气温度急剧下降，由此形成庞大的乳状云。有时乳状云可持续到卷云云砧消散之后。乳状云也可形成于积雨云下方，此时，该区域有适量的下降气流，这种气流并不是类似袋子状，而常呈长长的扭曲的管状，与象牙相似。

降水性云（pra）

降水性云指云层产生的降水可达到地面的云。降水性云的适用范围极广：从蒙蒙细雨到倾盆大雨，从小雪到破坏性极大的冰雹。重要的一点是空中的凝结物能降落到地面。如果在降落到地面

之前，雪晶或冰丸融化蒸发，或水滴蒸发（即使在离地面很近的高度），那么降水形成的曳尾就被认为是云的另一种附加特征——幡状云。通常降水性云常伴随浓积云、雨层云和积雨云出现，有时也伴随高层云、层积云甚至层云出现。然而，尤其在伴随后两种云出现时，其降水量极少且下毛毛雨，如果温度低到一定程度，可降米雪。

管状云（tub）

管状云指任何从主云云底向地面伸展的近似柱状或锥柱的云。这种云常被称为"漏斗云"，云柱呈旋转或非旋转结构，但并不表明该云的形成方式。管状云可形成于主云体（通常是旺盛的浓积云或积雨云）下方或龙卷风初期，呈细小的、无危害性的漏斗状。然而任何情况下，它完全不同于从地面升起的尘暴或旋风。

如果管状云可向下伸展至地面，那么就会成为第一种现象，并会有一个不同的学名。由于具体形成方式不同，管状云可形成陆龙卷或水龙卷（伴随极其旺盛的空气对流运动），或经过超级单体雷暴的复杂过程形成龙卷风。

漏斗云（管状云）并非特别罕见。除在强对流云中，漏斗云还出现在阵风锋面，以及多数大型风暴系统中（包括多单体风暴、超级单体风暴和热带气旋）。

幡状云（vir）

幡状云是云中所降固态或液态降水，这种降水在达到地面之前就已经蒸发（不同于降水性云），又被称为"雨

左图　悬垂云砧下的球形乳状云，位于复杂、庞大的积雨云后方
（作者）

左图　庞大积雨云个体下歪曲的乳状云
（作者）

（雪）幡"，常伴随多种云出现，如卷积云、高积云、高层云、层雨云、层积云、积云和积雨云。实际上，卷云，尤其是钩卷云可被认为完全由幡状云构成，因为这种卷云的"头部"，即使很

左图　阵雨云（积雨云）开始出现降水（雨水）
（作者）

左图　典型的漏斗云（管状云），表示相对稳定的层状云内存在着对流运动
（作者）

小且不明显也可产生冰晶，冰晶在下降的过程中，因低空风切变在云下方形成拖尾，随后直接升华成水蒸气或融化蒸发。

幡状云的外形很大程度上取决于云层所降气层的特性。有时（如卷云中）幡状云呈水平分布，但在其他情况下，当云层下降到一个恒速流动的厚密气层中时，幡状云几乎呈垂直分布。幡状云常在下降途中明显改变方向，这可能是由于大气间突然的风切变，或者垂直下降的冰晶遇暖气层而融化成水滴，并在流动缓慢的低层大气中形成曳尾。在极为不寻常的情况下，当低层空气的运动速度远大上层空气时，幡状云可形成于主云体的前方。

幡状云常伴随"雨幡洞云"或"穿洞云"出现，这种云有明显的洞——常呈极大的圆形，形成于高积云或卷积云云层中。稍后将更详细地介绍。

贝母云和臭氧层漏洞

一些极显著的大气现象不仅与天气情况紧密相关，而且非常值得观察和记录。其中最引人注目的是贝母云、夜光云和极光现象。

臭氧洞是人类活动对大气造成的主要影响之一。然而，难以置信的是，一种美丽的云也与臭氧洞的形成密切相关。这种云是贝母云，虽然很罕见，但相当壮观，所以它的出现常引起媒体大规模的报道。

贝母云的色泽如牡蛎和鲍鱼内部一样闪耀，因此常被称为"珠母云"。正如大气中许多光学现象一样，贝母云的外形也多姿多彩，既可以呈格外夺目的单色，也可以呈几种柔和的色彩。例如，日落时分，云层开始呈现色彩斑斓的色彩（通常比较清淡柔和）。随着太阳落到地平线以下，云层继而呈橘色和

右图上 絮状高积云下方密集的雨幡现象（作者）

最右图 这些长长的雨幡在接近地面时开始蒸发，因此被称为幡状云而不是降水云（作者）

右图下 絮状高积云下方的雨幡现象。冰晶垂直下落，融化成水滴，从而在云层底部形成的悬垂物（作者）

红色（因为短波在很厚的大气层中被吸收）最后变成红色。然而，日出时云呈现的色彩顺序恰恰与此相反。与其他云的色彩一样，贝母云边缘云粒子大小均匀，因此色彩会与色彩带平行。

贝母云的学名为"极地平流层云"（PSCs），该学名表明了云的本质特征。云层由冰晶组成，位于对流层顶上方（离地约15 km）至30 km的平流层底部。贝母云的最佳观察时机是太阳位于地平线以下时，如日落后或日出前，云层的位置足够高，因此能被太阳光照射到。极地平流层云只有在很高的纬度才会出现，但也可以出现在北极和南极地区。该云日落后比黎明前更常见，原因是与凌晨相比，人们更喜欢在夜间观察。极地平流层云外形十分壮观，它的出现会引起媒体的大规模报道，也常出现在电台及电视新闻节目中。

极地平流层云有三种分类，这些分类与云粒子相对复杂的结构有关。经观测发现，平流层的三水硝酸（$HNO_3 \cdot 3H_2O$）在低温下（约$-78℃$）会在硫酸核上凝结，这些颗粒细小，且大规模生成，有时分布范围可达数千千米，形成肉眼难以观察的极低平流层云。

虽然平流层的空气极为干燥，但如果气温继续下降至$-83℃$以下，水汽就会在三水硝酸颗粒表面凝结成冰粒，从而形成第二种极地平流层云。这种云常在背风波形成，当云层上升较快时，会形成许多不规则的冰晶体，在光的衍射作用下，出现珍珠般的光泽，这种极低平流层云因此被称为贝母云，是北半球地区常见的一种云。

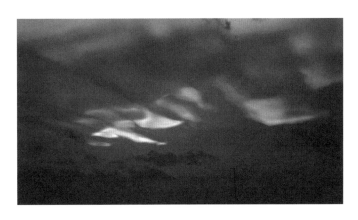

如果气温缓慢下降，例如初冬时节，水汽凝结缓慢，生成的冰粒较大，这些冰粒无色，因此云层也呈白色，或略带彩虹光晕。第三种极地平流层云在南极比北极更常见。

贝母云的产生与平流层的大气条件密切相关，因此受到了气象专家的关注。对业余爱好者来说，如此壮观的贝母云也值得他们的观测和摄影。

上图　拍摄于英格兰北林肯郡上空的大范围贝母云
（彼得·罗沃思，Peter Roworth）

左图　图像中并不是贝母云，而是加利福尼亚州范登堡（Vandenberg）空军基地的子弹发射后，烟雾中的水汽冻结成冰形成。发射后扭曲的尾迹代表不同高度的不同风向
（史蒂芬·皮特，Stephen Pitt）

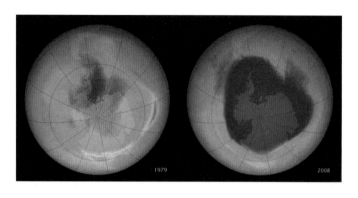

上图 1979年和2008年南极洲上空的臭氧洞面积对比图，图中的深蓝和蓝紫色区域表明这些区域的臭氧层出现严重的耗损（NOAA）

下图 南极上空臭氧层空洞总面积3年中的变化情况（1998年、2008年和2010年），以及2000 ～ 2009年10年间的最小值、平均值和最大值（伊恩·穆尔斯）

臭氧洞

如前所述，阳光中的紫外线能分解氧分子，从而阻挡了氧分子重新组成臭氧，形成臭氧层。1956年，英国科学家G.M.B多布森（G. M. B. Dobson）首次公布了南极上空的臭氧层耗损情况，而当时该区域的大气情况尚不明确。1985年，来自英国南极调查局的科学家们发现，南极上空的臭氧层出现了大面积的耗减，并导致了所谓的"臭氧洞"。臭氧是一种非常有益的保护层，它可以使地球表面生物免受紫外线的侵害，尤其是B波紫外线，这类紫外线可导致皮肤癌，并破坏多数生物体内的遗传物质，因此保护臭氧层成了我们的当务之急。

臭氧空洞面积正在进一步扩大，这由人类排放到大气的化学物质导致，其中最主要的是氯（主要来自氯氟烃混合物，简称CFCs），但也包括溴和其他化学物质，这在不久后就得到了证实。尽管这些化学物质常被用作气溶胶推进剂，但也能广泛应用于其他产品和程序中，且在大气中的存活时间很久，可长达数十年。

幸运的是，国际社会很快就注意到了这项科学调查结果——不同于一些国家对气候变化和全球变暖现象的反应——并在1987年9月16日签订了一项国际协定——《蒙特利尔议定书》（Montreal Protocol），旨在禁止有害化学物质的使用。（美国将每年的9月16日定为"世界臭氧日"。）虽然人们担心这些化学品的替代物质是否也会带来危害，但实际表明大气中有害化学物质含量正在缓慢减少。如今经证实，臭氧的浓度已稳定下来，然而降低臭氧层的耗损，以及在一定程度上缩小臭氧洞面积仍需要若干年的时间。

三种类型的极地平流层云对臭氧洞的形成起着关键的作用。虽然科学家最早在南极上空发现了臭氧洞，但北极上空也会有臭氧耗损现象，当然这种情况并不是如此的绝对。南极高纬度地区陆块稀少（南美洲南端和南极半岛除外），这意味着该区域环绕地球的风不像北极那样会受到很大的阻碍。冬季，南极上空会形成风速强劲的极地涡旋，从而使极地地区与外部空气隔离。因此，南极的气候条件更有利于大范围极地平流层云的形成。

在北极，受陆块与山脉阻挡，气

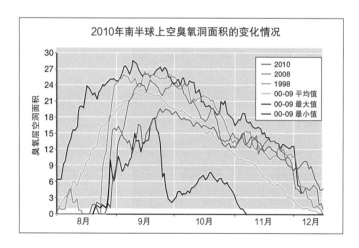

2010年南半球上空臭氧洞面积的变化情况

臭氧层空洞面积

— 2010
— 2008
— 1998
— 00-09 平均值
— 00-09 最大值
— 00-09 最小值

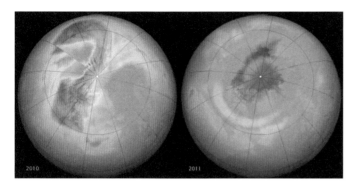

上图 根据美国宇航局的卫星臭氧层检测仪器数据，可以看出2010年（左图）和2011年（右图）北半球上空的臭氧层耗损情况（NASA）

上图 2011年北半球上空观测到的贝母云，当时臭氧层耗损最为严重（佩尔安德烈·霍夫曼，Per-Andre Hoffman）

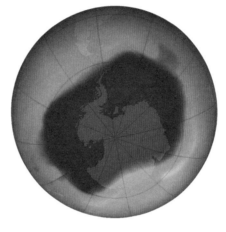

右图 2006年9月人们在南极上空观测到的有史以来最大臭氧层空洞，这可能由当年南极出现的历史最低温度造成（NASA）

流可以实现水平和垂直方向的交换。北极也会出现极地涡旋，但往往较弱、周长短且更不稳定。北极也有臭氧耗损现象，但并不会形成臭氧"洞"。近些年来，臭氧层耗损最为严重的一次发生在2011年3月份的北半球地区。在这之前，最为严重的臭氧耗损现象出现在1997年。

冬季越寒冷，南北两极的臭氧损耗可能越严重。严寒的冬季，西藏与其接壤的地区，如兴都库什山脉上空的臭氧也会出现小面积耗损，但并没有北极尤其是南极上空严重。当北极的冬季异常温暖时，高温不利于极地平流层云的形成，从而臭氧的损耗也相应降低。

极地平流层云在极夜出现时，各种氯化合物会附着在在云粒子表面。漫长的黑夜中，没有太阳加热，臭氧层也不

会因光化学反应而受到破坏。然而在春季，云粒子受阳光照射，会向大气中释放氯氟烃气体。因此，春季时臭氧层破坏最为严重，其影响可向北延伸，远达澳大利亚最南部、新西兰和南美洲。尽管臭氧层破坏使人类患皮肤癌的概率增

下图 一年中南极上空臭氧层变化情况。当8月和9月，南极进入春季时，臭氧层耗损迅速加剧（NOAA/NASA）

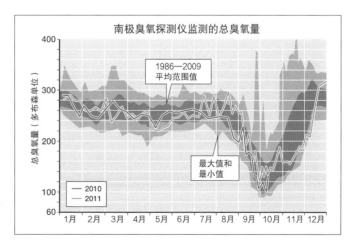

南极臭氧探测仪监测的总臭氧量

1986—2009 平均范围值

最大值和最小值

总臭氧量（多布森单位）

2010
2011

1月 2月 3月 4月 5月 6月 7月 8月 9月 10月 11月 12月

大，但更为严重的是，它会对生物体内的遗传物质造成长久破坏。围绕南极洲的南大洋是世界上最为富饶的海域，然而令人担心的是，长期受到B波紫外线的辐射，将对海洋浮游生物造成极大的危害，而浮游生物是整个海洋生物食物链的基础。

当极地涡旋终止时，臭氧洞会消失，气流才能把低纬度的臭氧输送到极地区域。

夜光云

有一种云极为罕见，它只有在高纬度地区的夏季才能偶尔被看见。这种在极地夜间出现的云，被称为夜光云（"夜耀云"NLC）。与贝母云一样，夜光云也可以在曙暮光中看见，然而，此时云的位置非常高，位于地面以上80～85 km的中间层，且远远高于贝母云的高度（距离地面15～30 km）。夜光云是最高的云，这也给科学家在分析其成因方面带来了一定的难题。夜光云的观察期较短，通常只有夏至日（南北半球夏至日的时间分别是12月和6月）前后的6周时间。

夜光云看起来与卷云或卷层云相像，因此常被误认为这些低层的云，而这些低层的云有时也被看作是夜光云暗影。夜光云形成初期和末期呈淡黄色，

但通常呈淡蓝色。夜光云云层很薄，以致于在头顶上方时很难观察到。云层因高纬度大气波动呈明显的波状结构，这些波动部分（如非全部）由山地波引起，并向上发展。观测者的视线越远，云层就显得越厚密。

夜光云由冰晶组成，形成于中间层极冷区域，云层逐渐发展，会降到可观测的高度。然而，关于夜光云的成因仍有两大争议，即：云层冰晶的水从何而来及云层的冰晶核是何种物质。很难想象运用何种方式才能将低层大气（主要是对流层）的水输运到如此高的位置。平流层的逆温现象有效地阻止了任何对流运动，人们曾认为，强烈的火山爆发能将水汽喷射到中间层，但由于其能量极其有限，人们如今认为它最远可达平流层底部。如前所述，冰晶在凝结核上形成，因此夜光云的形成也需要凝结核的存在。这些凝结核被认为可能是灰尘颗粒或火山喷发的二氧化硫，但即使最强烈的爆发也无法将任何物质输运到80～100 km的高空。

当然，如今有这样一个猜测，认为中间层的水来自外太空，如彗星的冰粒子或陨石碎块。这种水如果是冰粒（在有水蒸气的情况下迅速增大），那么冰粒与星际间的尘埃颗粒凝结核结合形成云。如果是水蒸气，同样也需要凝结核，或是星际间的尘埃颗粒，或由高能宇宙射线产生的离子簇。目前，关于夜光云中水的来源仍无合理的解释。

夜光云出现的次数越来越多，是由于更多的观测者注意到它们的存在（并进行报道），还是由于其出现频率确实在增加，这令人难以判断。火箭在发射

过程中向高层大气喷射大量的水蒸气，因此有人认为夜光云的出现与此有关。出于这些以及其它原因，夜光云使研究高层大气的科学家极为感兴趣，且一些研究结果也有着极大的价值。夜光云的许多报告来自极光现象爱好者，他们也为英国天文协会等极光观测团队的计划作出一些贡献。夜光云常出现在夏季高空，而此时极光现象很难观测到，由于两者的观测技术很相似，多数观测者为两者研究提供了相关的信息。

云的形成

云 的形成有两个最基本的条件：

■ 凝结水滴的增加
■ 稳定的大气条件

气团温度降至露点以下形成云滴，两大基本原因如下：

■ 气团被迫上升冷却
■ 气团遇到冷气层

在少数情况下，冷暖两气团相遇，空气接近饱和状态时也可形成云。

多种因素可促使气团上升，气团在凝结现象发生之前按干绝热递减率（DALR）降温，达到饱和后，按湿绝热递减率（SALR）气团上升的三种方式如下：

■ 受冷空气冲击上升（锋面抬升）
■ 沿山体被迫抬升（地形抬升）
■ 地表受热引起的对流运动上升（对流加热）

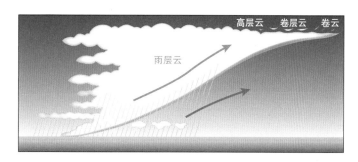

锋面抬升

大气的稳定度决定了云的特征。大气稳定时，空气因锋面或地形因素被迫抬升，绝热冷却。在暖锋尤其是上滑锋锋面，暖空气平稳缓慢上升，常形成范围较广的层状云系，如卷云、卷层云、高层云和雨层云，偶尔层状云系中也会产生对流运动。而在下滑锋锋面，锋面下滑时则不利于云系的发展，此时锋面前缘的积云逐步发展成浓厚的层积云。

在冷锋锋面（上滑锋锋面），暖空气受移动的冷空气冲击抬升，形成的云系分布次序与暖锋云系相反，依次为：雨层云、高层云、卷层云、卷云。然而，通常情况下，冷空气移动时，下层热空气常引起对流运动，有利于浓积云和积雨云的形成。典型的冷锋常形成多种云系，时而被称为"被动的"冷锋。

上图 上滑暖锋坡度（1：100或1：150）缓和（图片略为加以夸张），意味着雨区维持时间较长（多米尼克·斯蒂克兰德）

下图 下滑暖锋面上不利于云系的发展，降水减少，甚至无任何形式的降水（多米尼克·斯蒂克兰德）

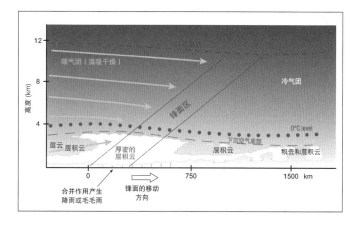

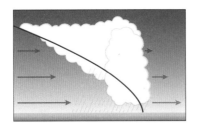

右图 上滑冷锋坡度（1：50—1：75）意味着其降水较对应的暖锋持续时间短（多米尼克·斯蒂克兰德）

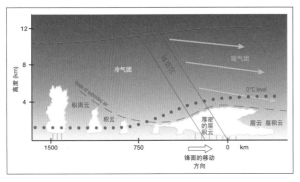

上图 下滑冷锋锋面，厚密的层积云和少量降水逐渐被冷空气中积状云代替（多米尼克·斯蒂克兰德）

然而，有时冷暖空气的转换相当突然，锋面就会十分陡峭。如此"活跃的"冷锋过境通常不会使气压降低，但会沿积雨云带形成强飑线，且常伴随强雷暴天气。

相反地，在低压区下滑冷锋锋面（暖空气沿锋面下滑），层云和层积云发展成厚密的层积云，并在冷锋后逐渐形成对流云。

右图 沿山体爬升的气流，如经过山顶时达到其凝结高度，则会形成地形云，气流沿山地的背风坡下沉时云逐渐消散（伊恩·穆尔斯）

右图 南乔治亚岛山脉上因地形形成的层状云（戈登·皮德格里夫特，Gordon Pedgrift）

地形抬升

地形云经地形抬升形成，地形云的形成和衰退将很大程度上取决于大气的稳定度。一股稳定气流沿山体上升时，云的形成最终取决于其实际凝结高度。如果凝结高度较低，则高地顶端会被笼罩在雾中（实际上是地面的层云），若无降水产生，云层将沿山脉背风坡下沉，绝热增温消散。（若有降水产生，气团沿山脉背风坡下沉时温度迅速升高，这就是焚风现象，稍后进行介绍。）

当凝结高度高于山峰时，易形成波状云。波状云（荚状层积云、高积云或卷积云）在山顶上方形成，云和山顶边界清晰可见。同样，这种"帽子云"也因气团沿背风坡下沉时消散。在特定条件下，山地引发的波峰处，可形成一连串的波状云。有时，近乎封闭的垂直方向的空气流动在山地的背风面形成转子，其下方的地面风刮向山体，转子加厚而在高地顶部形成荚状云。（舵轮风经过英国坎布里亚郡克罗斯山上方时形成的"舵杆"就是这种情况。）

当波峰处的云之间不存在间隔时，山峰的背风面会形成一长串的波状云。如有多层湿气层，那么会形成荚状云，多个云层叠加在一起就像倒置的碟子，这被称为"碟状云"。

波浪云

波浪云的形成与此相似。然而，波浪云不是气流遇阻碍物形成，而是由两个空气层（上层移动速度高于下层）之间的垂直风切变形成。波浪云与风向呈直角相交。急流区常形成强大的风切

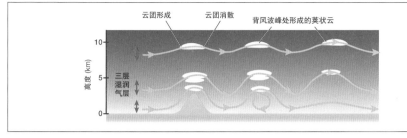

左图 潮湿的气层在背风波峰处形成一连串荚状云。某种情况下也会形成滚轴气团，使其地表风吹向山体
（伊恩·穆尔斯）

上图 风从左而来，形成了两个不同高度上的荚状高积云。较低的积状云清晰可见，较高层云表明其处于第二层波峰上
（伍德，Wood）

右上图 用于气象研究飞机拍摄的图像显示，挪威山脉上空发展成熟的波状云（荚状高积云）
（伍德）

左图 新南威尔士州的博阿姆倍上空出现多层荚状（波状）云
（邓肯·沃尔德伦）

变，从而形成轮廓分明的波浪云。

尽管波浪云之间可见晴空，风切变同样可以使层云、高层云和卷层云等层状云顶部呈波浪状。通常云层底部（凝结高度）相对平坦，但也会有十分规则的强度波动，其波峰处云层较厚，波谷处云层较薄。

在极少数情况下，这种风切变可使云层中出现开尔文-赫姆霍兹波浪，外形好似破碎的海浪，但这只是假设，这种波浪并不会"断裂"。

通常这种开尔文-赫姆霍兹波浪极其短暂，持续时间不过几分钟，因此，想要对此拍摄，需尽快行动。

波浪云有时看起来像波状云。其重要的区别在于：风力与风向恒定时，波状云在空中呈稳定状态。而波浪云会随相同高度的气流顺风移动。

有时风可引起空气的较小波动，这种波动被称为波浪状，可形成于大型横向波浪云上。波状云上也会有这种波

下图 两个相邻气层间有垂直风切变时，较薄的层状云中易形成波浪（波形）云
（伊恩·穆尔斯）

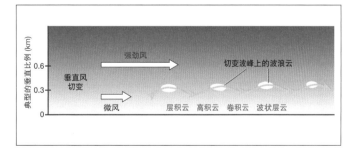

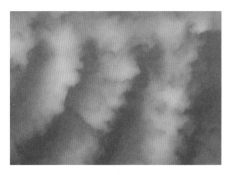

上图　高积云中存在明显的波浪，尽管波浪弯曲度不大，但几乎和高空的风呈垂直状态
（作者）

上图　该图像显示了波浪高积云以及云层中较厚或较薄的波形是如何在风切变作用下形成的
（作者）

上图　旧金山湾上空的开尔文-赫姆霍兹波浪云存在时间极其短暂
（佩吉·杜丽，Peggy Duly）

上图　庞大的浓积云正进入秃积雨云发展阶段，并经过抬升上升至山峰

右图　当刮西北风时，马特洪峰一侧出现的旗云（如图）
（维基共享图像）

浪，且在云的消散过程中更加明显，这种在背风坡形成的云层持续时间较长，呈狭窄的"指状"。

大气的不稳定度和地形抬升

若气团接近露点，因地形抬升，水汽凝结，气团会释放浅热继续上升，从而在山体上方形成对流云。少数情况下，可形成庞大的积雨云，这些积雨云呈静止状态，有时可长达数小时。积雨云带来的强降水常使邻近山谷发生洪灾。海风遇内陆山丘时也常形成对流云。当半岛两侧的海风在其上空相遇时，形成对流云，并引发暴雨和洪水天气。

有一种形态独特的地形云——旗云，它形成于山脉的背风坡。马特洪峰和直布罗陀的岩顶峰的旗云就是两个著名的例子，旗云也可以在众多其他峰顶形成，尤其是山脉的背风坡比较陡峭时，其峰顶也可形成旗云。孤立的峰顶比连续的峰顶更常见旗云，这可能是因为在后一种情况下，空气波动更大，风向改变更加频繁。

对流云

所有的积状云都是由对流运动产生，对流也使层状云破裂形成漏光云。陆地经太阳加热，在地面形成热气团，积云和积雨云就是由这种热气团上升形成。气团在上升过程中会膨胀呈"气泡"，或更像热气球。实际上，这是一种气流循环现象：气团内热空气上升，气团外冷空气下沉。下沉气流往往被卷吸进入热气泡下的尾涡，且与周围气流一并进入上升气流，从而使之逐渐消失。高空中鸟的飞翔和滑翔机飞行就是

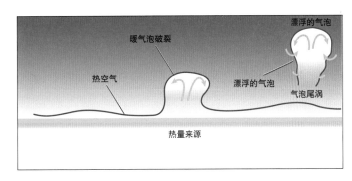

利用了这种上升气流。当空气达到露点时，这种空气环流仍然存在，此时，云滴在气团中心形成，并随着周围下沉气流蒸发。

这种热气团较小，在上升至其直径二倍的高度时就会消散。多个相邻热气泡的尾涡聚集可形成更大的热气团。高度越高，热气泡的范围越大，与周围空气的温差就越小。上升气团在达到饱和状态前按干绝热递减率降温。云块最初呈不规则的碎积云，但随着小块热气泡的聚集会形成庞大的积云。其中一个重要的因素是凝结层上稳定的大气层。如果环境温度递减率大于（即使略大于）湿绝热递减率，云层会继续上升，直到达到稳定的气层。大气层结略不稳定时，会形成淡积云，极不稳定时，云层将进一步发展成中积云、浓积云，甚至成积雨云。

最厚密的积云——浓积云可带来降雨天气。这种降雨由云滴（暖雨）合并而成，且只有在发展旺盛的厚密云层中才会产生。在温带地区，春末和夏季能形成相当厚密的云层，而热带地区常年可见。积云带产生的阵雨雨滴大，但通常持续时间短。当云顶开始冻结（冰晶化）时，积云进入积雨云阶段，并带来持续更久的、更大的降雨（冷雨）或冰

上图 当一热源处（通常是地面）的空气膨胀，开始向大气中上升时，会产生对流气团
（伊恩·穆尔斯）

右图 当单个云泡（或更多云泡）达到凝结高度以上时，就会形成积云（如图 a）。风切变会使云团迅速消散（图 b）。大气条件不稳定时，形成的云较薄（图 c）。但大气条件极不稳定时，云层向上发展更加旺盛

（伊恩·穆尔斯）

雹天气。

积云在发展的过程中会遇到稳定层，如果云团发展不够旺盛以冲破该气层，那么云团就会在该稳定层下方集聚并向四周平衍，形成积云性层积云（Sc cugen），或在更高层形成积云性高积云（Ac cugen）。这种云层比"通常的"的层状层积云（或高积云）更厚密（更灰暗），云层还可以足够厚以至于消弱地面的热量并抑制积云的进一步发展。

如果大气稳定层略高于凝结层，会形成淡积云，这种云在移动的暖锋前尤为显著，此时高空可见缕缕卷云。

当热量来源单一时，在其背风面可形成多种类型的云。然而，尤为常见的是，上层空气下沉时（如反气旋的情况下），逆温层下会存在相当厚度的不稳定大气层。这时形成的积云比淡积云略厚密，且沿顺风延展呈条状积云。气团在云内上升，在云层间下沉。这种辐辏状积云（云街）常被厚密的气层（厚度为不稳定大气层的2～3倍）分隔。在北大西洋的卫星图像中常见这种大面积的云街，它是由格陵兰冰盖的冷空气流经相对较暖的海洋水域形成。

高层云或层云向高积云和漏光层积云的演变过程中，也会有对流运动。云层顶部向周围大气中射放热量时，云内

右图 当积云上升至稳定层时，发展成积云性层积云（或高积云），然而在与云的混合过程中，该稳定层的作用常逐渐削弱，形成明显的带状或乳状云

（伊恩·穆尔斯）

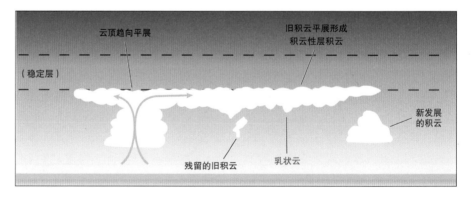

左图　由积云发展而来的层积云，并有较低的高积云伴随其上
（作者）

左下图　暖锋前，卷云下大范围的淡积云，前者正逐渐加厚形成卷层云
（作者）

上图　上层急流卷云伴随下，积云云街（辐辏状卷云）在西风作用下向东漂移
（作者）

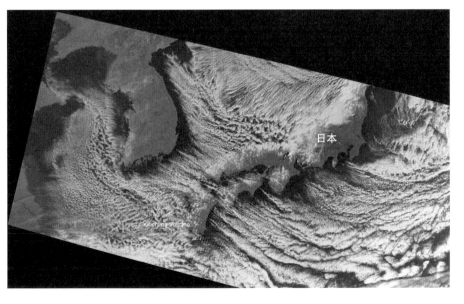

日本

Kirishima Volcano

左图　受西北风影响，朝鲜半岛和日本上空形成大范围云街。从中可见雾岛火山喷发的一条狭窄的烟雾带
（欧洲气象卫星组织）

上图 云中存在暗影，云缝处可见蓝天，表明该云是漏光高积云
（作者）

下图 带有雨幡的絮状卷积云以及一些卷层云
（作者）

气温垂直递减率大于湿绝热递减率，由此形成下沉冷气流，并造成云层间的缝隙。相似地，对流运动还可使乳状云形成，积雨云云砧下方悬垂的乳状云尤为明显。然而，乳状云也在其他云下方出现。

高层大气中的云，尤其是高积云中也会有对流运动。堡状高积云（Ac cas）和絮状高积云（Ac flo）都表明其所在气层的不稳定性。这两种云常有幡状云（云内降水在到达地面之前就已经蒸发）伴随出现，并预示未来将可能出现恶劣的天气（积雨云和雷暴）。如果积云（尤其是浓积云）向上发展到该气层，其不稳定性可使云层向上发展旺盛，并带来恶劣的天气。

海拔越高气温越低，这就表明多数云由冰晶而非水滴组成，堡状卷云和絮状卷云除外。然而有时，这两种云通常与高积云相似。

积雨云

积雨云由庞大的浓积云演变而成。这种演变过程通常难以察觉，但可以通过观察浓积云顶部明显的花椰菜状结构是否开始消失，并变得模糊——表明云

右图 层状云上层在向大气辐射过程中会散失热量，该冷却过程会形成下沉气流，使云层分裂成独立的云团，从而形成漏光云
（伊恩·穆尔斯）

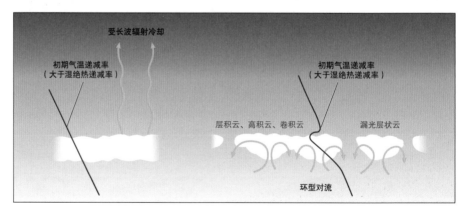

受长波辐射冷却

初期气温递减率
（大于湿绝热递减率）

初期气温递减率
（大于湿绝热递减率）

层积云、高积云、卷积云

漏光层状云

环型对流

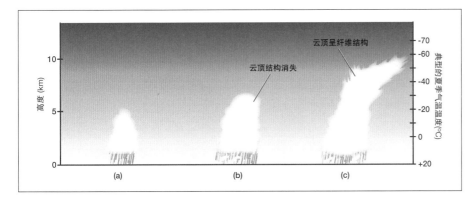

左图　云顶出现冰晶化时，表明浓积云（a）开始向秃积雨云（b）演变。当出现大范围卷云丝缕结构时，意味着将发展成鬃积雨云
（伊恩·穆尔斯）

云顶呈纤维结构

云顶结构消失

顶开始冰晶化。（通常气温在-20℃以下，有时温度较高，但总是在-10℃以下。）这时，上升的云团发展成秃状积雨云。当积雨云进入下个发展阶段（鬃积雨云）时，云顶呈纤维结构，并有广泛的卷云，因此相对容易辨识。此阶段可能会形成厚密的雨（雪）幡或密卷云（Ci spi cbgen）。

当上升的云团遇到稳定层（常常就是对流层顶）时，云顶向四周扩展形成砧状云，且砧状云下常有乳状云。如果垂直风切变极大，会加快云的发展，使云顶水平扩展成类似高积云或雨层云的厚密云团。由水滴组成的云很少产生降水，而与其不同的是，积雨云云底模糊，云本身含有下落的冰晶。

单个云团的生命非常有限，但这些

云团常在上升过程中互相接近，从而合并成单体系统。尤其是旺盛的积雨云，云底将空气卷吸进入，从而生成多个临近的云团。如果该过程持续数小时，就会形成连续的云团，最终形成一个更大的单体系统，并覆盖更大的区域。这种

下图　为一个脱离云体的云砧。清晰的积雨云大体上已经消散，残留下一个庞大的卷云砧和一些其他的较低的云
（作者）

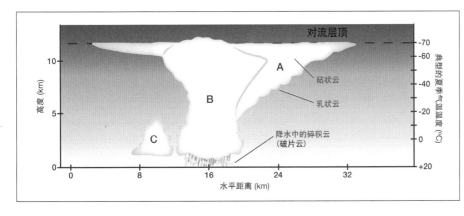

对流层顶

A

砧状云

乳状云

B

C

降水中的碎积云
（破片云）

左图　一个普通的积雨云团进入云砧发展阶段（鬃积雨云）。A：残留的旧云团，B：第二，发展的云团，C：新云团的初始阶段
（伊恩·穆尔斯）

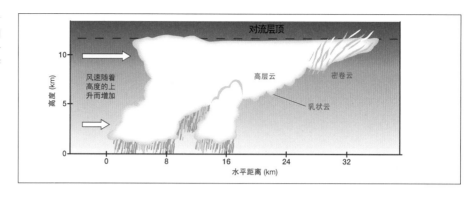

右图 垂直风切变十分强大时，大量云团可能发展成像高层云或雨层云一样的浓密的高云
（伊恩·穆尔斯）

左下图 积雨云中对流运动停止时，会残留下多种碎块积云，其中最为显著的是"脱离云体的云砧"，其中包括密卷云
（伊恩·穆尔斯）

右下图 夜间湖面上形成的辐射雾开始抬升成层状云。
（伊恩·穆尔斯）

多单体雷暴及相关的超级单体雷暴将在稍后进行介绍。

当对流运动停止时，积雨云逐渐消散，但会在不同高度残留下许多碎块积云。积雨云最为显著的特征是残留的云砧，这种密卷云常在空中持续很久。积雨云完全消散后，这些脱离云体的云砧仍能在空中停留数小时。相似的，积雨云消散后，残留云块可以是高积云云块（积云性高积云）和小块的积云（通常是中积云）。

层状云

层状云所在气层稳定，但也存在较弱的垂直上升气流（不同于对流云内旺盛的气流）。层状云水平分布广泛，但云层较薄，常呈霭或雾分布于天空，太阳升起后，地面的雾受热也可抬升成层云，这种层云可在空中持续一整日。

如前所述，层云经地形抬升形成，常笼罩山顶，而附近的低地上空却是无云区域。另一种层云——附属的破片云——是由高层的云（雨层云、高层云、积云或积雨云）产生的降水蒸发冷却而成。大气波动可使主云和地面间的层状云呈碎块分布。

层云的形成与平流雾相似，也是由暖湿空气流经冷表面（温度在露点以下）时形成。雾或层云的形成取决于风力大小及暖湿空气与地表的温差。正如辐射雾一样，平流雾形成时的风速较小，约在 5 kn（9 km/h）以下，而层云形成时的风速较大，即 5 ～ 10 kn（9 ～ 18 km/h）。风速大时，波动的气层越厚，常不利于云的形成。湿润的东风带流经寒冷的北海时常形成持久的低层云，苏格兰和英格兰东北部称之为

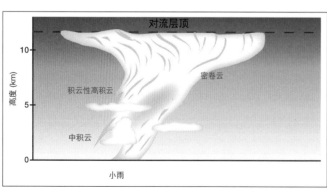

"哈雾"，哈雾可发展成平流雾，但并非真正的层云。

火积云

"火积云"（由希腊文和拉丁文组成）听起来很可怕，这种积状云，是由人为或意外火灾等高温形成。如今许多国家已经禁止焚烧农作物残茬，因此野火成为生成火积云最常见的源头。大型野火形成的火积云甚至可以发展成浓积云或积雨云。在某些情况下，风力较小时，云产生的降水在一定程度上可抑制火灾，因而从根本上影响云的形成。火积云还可以带来雷暴、闪电等天气，进而可造成新的火灾。

尾迹云

飞机尾部形成的尾迹云（凝结尾）很常见。经过进一步观察发现，尾迹云为当下和未来天气提供相关信息。飞机引擎排出的废气会被卷入由机翼尖端拖曳出的隐形旋涡内。因此所有尾迹实际由两条凝结尾组成，这些尾迹常向下发展成袋子状，好似某些云下方的乳状云。这种袋状由两种力的相互作用形成，一种是向下的力（飞机升力的反作用力），与此同时，空气受引擎废气加热，又会受到浮力作用。由此形成一种对流，就好比用来解释乳状云的上下颠倒的对流。

当飞机在干燥的气层中飞行时，尾迹云会很快消散，但如果该气层湿润，尾迹云可以持续很长时间。长时间存在的尾迹云向四周扩展，表明暖湿空气的侵入，例如暖锋即将来临。有时，这种尾迹云扩展范围极广，几乎布满整个天

左图　为浓积云，弗罗里达州北部的一场大火灾烟雾中，火积云隐约可见
（德拉姆·加伯特，Durham Garbutt）

空，从而减少了到达地面的热量。一般飞行高度所处气层较冷，因此尾迹常冰晶化，状似卷云，其下落的冰晶常形成幡状的尾迹云。

左图　从侧面观测的尾迹云，主尾迹下的"环形"由飞机飞行中气流的被迫下沉引起
（作者）

左图　暖锋临近前，持久的尾迹云在暖湿的高空中逐渐扩散
（作者）

左图　冻结的尾迹云，在寒冷的高空中缓慢的消散
（作者）

右图 高积云中的耗散尾迹，飞机经过使云层出现冰晶化，从而使右侧云层形成幡状的冰晶云
（作者）

耗散尾迹

当飞机所在高度存在较薄的云层时，飞机会形成"耗散尾迹"，使云层出现长长的裂口。原因有多种：飞机产生的热空气使云滴消散，或飞机引擎产生的热量同样使云滴消散。然而，在多数情况下，如果是过冷云滴，尾气中的微小颗粒可促使云滴冻结，形成冰晶，云层裂口下方下落的冰晶有时也被看作卷状"云"。

右图 飞机穿过较薄的高层云时，使云中产生的冻结现象。云中冰晶下降，形成云洞，并在其下方形成浓密的卷云
（作者）

雨幡洞

雨幡洞——又称穿洞云——是指云层出现近乎圆形的洞，常形成于极薄的高积云或卷积云中。当飞机开始在适当的高度飞行时（20世纪20年代和30年代），这种与耗散尾迹云成因相似的的云洞才被人们知道。飞机穿过云层时，可引起云层的冰晶，从而形成一个圆形裂口。同样，与耗散尾迹云相同的是，这些云洞中类似卷云的云（雨幡）通常易于观察。实际上，这种雨幡常形成于其主云的下方。

急流卷云

如前所述，急流区内极强的风切变常使该气流上方形成明显的波浪云。然而，由于急流风速很大，形成的卷云常被沿顺风方向拖曳成长长的带状。这种辐辏状的卷云与急流卷云极为相似。虽然外形与尾迹云相似，但急流卷云的密度和结构特点使其很容易与其他类型的云分辨开来。

急流卷云所处位置极高，因此常难以观测到其明显的移动，但其特殊的外形常表明了急流的方向。应注意急流与锋面系统的关系，因为它揭示了可能发生的天气情况。一股西北急流（例如向东南方向移动的气流）常出现在低气压区暖锋前方，且大致与之平行。当低空气流——如淡积云内的气流——呈西南风向时，这种"交叉的风"明显预示着暖锋的来临。同样地，极地区域的西南急流往往预示着冷锋的来临。

左图： 急流卷云在空中形成独特的云带
（作者）

第七章
降水和地面凝结物

降水是指从天空降落到地面的所有液态和固态水。因此降水包括：毛毛雨、雨、冻雨、冰丸、冰晶、冰雹和雪。而悬浮在大气中的水的形式，如云、霭、雾或直接降到地面的露、霜和雾凇等凝结物，都不被包括在降水量之内。

不同纬度和不同种类的云所产生的颗粒物形式（水滴、冰晶等）不同。例如，高云（卷云属的云）中，含有冰晶、雪花、雪丸及过冷水滴。下表是不同类型的云与具体降水形式的关系。

名　　称	特征描述
雨	直径通常大于0.5 mm的水滴
毛毛雨	直径小于0.5 mm的水滴
冻雨或冻毛毛雨	雨或毛毛雨与冷表面碰撞冻结而成
雪花	松散的星状或树枝状冰晶体
雨夹雪	在英国，由半融化的雪或雪和雨混合物结合而成；在北美是冰丸
雪丸（软雹、霰）	白色不透明通常为球状的冰粒，直径2～5 mm
米雪	白色不透明小冰粒，通常直径小于1 mm
冰丸（北美称霰）	透明或半透明的冰粒，呈圆形或不规则，直径小于5 mm
小雹	半透明冰粒，由覆盖在冰层上的雪丸组成，直径小于5 mm
冰雹	近似球状的冰块，由透明层和不透明层相间组成；直径5～50 mm或以上，有时会结合成更大冰块
钻石尘	悬浮在空中的细微冰晶

名　　称	产生降水的云
雨	雨层云、高层云、蔽光层积云、絮状高积云、堡状高积云、浓积云、积雨云
毛毛雨	层云、蔽光层积云
冻雨或冻毛毛雨	同雨和毛毛雨
雪花	雨层云、高层云、蔽光层积云、积雨云
雨夹雪	同雪花（在英国）
雪丸（软雹、霰）	冷天的积雨云
米雪	蔽光层积云、冷天的层云
冰丸（北美称"霰"）	雨层云、高层云、积雨云
小雹	积雨云
冰雹	积雨云
钻石尘	层云、雨层云、蔽光层积云，甚至可在晴空出现

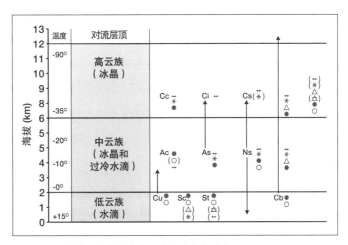

上图　云的种类，它们的高度及典型的降水形式
（伊恩·穆尔斯）

上图 佛罗里达州附近的降水积雨云。松软的云顶表明其开始冰晶化,并正在产生"冷雨"

(德拉姆·加伯特)

右图 夏季,英吉利海峡上空庞大的浓积云。崎岖不平的云底表示并合过程导致的降水,由此"暖雨"即将来临

(作者)

液态降水

雨

从严格意义来讲,雨滴的直径一般为 0.5 mm 以上(尽管普降的小于 0.5 mm 的雨滴也被称作雨)。毛毛雨的雨滴直径在 0.5 mm 以下。雨滴的大小可以与云滴的实际大小(直径 0.002～0.1 mm)作比较。典型的雨滴

直径为 2 mm,而雨滴的体积则是云滴(直径 0.02 mm)体积的 100 万倍。

云滴由水汽在凝结核上凝结而成,在充足的时间内,水汽可凝结成较大的云滴,但由于大气中凝结核充沛,因此常形成大量的小云滴,而非少量大云滴。凝结本身似乎可以形成毛毛雨雨滴(直径约为 0.5 mm)。当云层水汽达到饱和时,任何较大的雨滴会迅速从中降落,从而终止增长。

真正的大雨滴经两种途径形成。在冰晶和过冷却水滴共存的混合云(温度在 0℃以下)中,水蒸气并非凝结为水滴,而是在冰晶上凝结。该过程使水汽从空气中析出,水滴蒸发,而使冰晶增大。这些降落的冰晶最终融化成雨滴,整个过程被称为伯杰龙–芬德森过程(或有时被称为韦格纳–伯杰龙–芬德森过程)。

这就形成了气象学家偶尔提到的"冻雨",即由冰晶(随后会融化)冻结过程产生的降雨。该过程解释了雨是如何从冰晶化的云(如积雨云)中产生,并不能解释如何从 0℃以上温度的云层(所谓的"暖云")中产生。暖云在热带常年可见,而在中纬度地区夏季可见。

而"暖雨"的形成则是另一个过程。该过程由碰并产生,即由云滴碰撞融合而成。这发生在对流旺盛的云内,如浓积云和积雨云中。水蒸气在合适的凝结核上凝结,这时一些云滴会比其他云滴大。当水滴大到云内的上升气流无法将其"托住"时,水滴便下降到地面。大雨滴在下降过程中与小雨滴碰撞,融合成更大的雨滴。当雨滴直径增长到约 6 mm 时,基本达到最大值,随后便分裂成小雨滴。

层状云及降水

层云和层积云的云层薄（通常厚度在 1 000 m 以下），且云内对流（如有对流存在）弱，其水分子含量极其低，温度一般在 -10℃以上，因此，云内常不含冰晶。任何形式的降水都是由云滴间的相互碰撞并形成，因此降下的雨滴很轻，且多为毛毛雨或细雨。若层状云被迫沿高地抬升，则可能产生较强的细雨。身在云中，如置身于"山霭"。

有时候，层状云顶部温度下降到 -10℃以下，从而形成一些小冰晶。根据伯杰龙过程，这些冰晶增大并产生米雪（直径在 1 mm 以下），如地面附近空气在零度以下，则米雪降落到地面。

如果天气严寒，层云、雨层云或厚层积云也可以产生钻石尘那样的细微冰晶。

暖气流在锋面系统上缓慢爬升，形成广泛的厚层状云（雨层云和高层云），并带来持续性强降水和低气压天气。层状云顶部温度通常很低，利于冰晶的产生，冰晶与过冷水滴聚集增大（根据伯杰龙过程）并形成雪花，雪花随即可融化成雨。冬季，当地面气温在零度以下时，冰晶处于冻结状态，暖锋，尤其是锢囚锋上都可能产生大的降雪。

固态降水

雪

如前所述，雨滴通常由云上端的冰晶下落到低层时融化而成。冰晶有多种形状，包括通常称之为"雪花"的复杂六角形冰晶。实际上，当云层温度降到 0℃以下时，云中的冰晶相互碰撞常形成雪花。在这种情况下，水汽在冰晶上凝结，使冰晶聚集。如果气温继续下降，冰晶往往孤立分散。

地面上雪的类型，完全取决于大气的温度。气温低时，雪是小块分散的冰晶。这种"干雪"或粉末状雪球受到滑雪者的青睐。然而，大气温度接近零度时，会产生大雪花。这种"湿雪"给交通部门带来了一定的难题，与"干雪"

上图　瑞士采尔马特上空出现降雪云，以及强降雪天气
（戴夫·加文）

下图　在高纬度地区，温度较低，易产生粉末状雪，其中含有大量小颗粒的冰晶体
（作者）

右图　初降到地面或其他物体上的雪，单个雪花间含有大量空气
（作者）

右图　瑞士阿莱奇冰川上空的混合云（荚状高积云）。冰川上的冰主要由结实的雪组成
（作者）

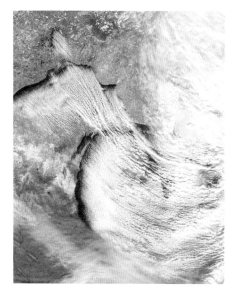

右图　2000年12月5日，一股寒冷的西北气流流经相对温暖的水域时，在苏必利尔湖和密歇根湖上空（尤其是苏必利尔湖）产生了大量的云街现象。几乎整个密歇根州上空出现了"湖泊效应"引起的降雪
（NASA）

右图　1998年1月加拿大和新英格兰遭受冰雹袭击，公用电杆被折断
（德拉姆·加伯特）

不同的是，"湿雪"不能被风吹走。雪在压强作用下融化，一旦压强消失，便立即凝结成冰，从而对道路、铁路和机场跑道造成了重大的危害。

刚刚降落的雪花常含有大量的空气。若无外界干扰，雪花会逐渐密实起来——尤其是处于融雪和再冻结的循环过程——并最终形成冰。多山国家的冰川就是这样形成的。

当寒冷的空气流经相对温暖的水面时，从中得到大量的水汽，并在向风岸形成强降雪，这种现象常被称为"大湖效应降雪"，在北美五大湖地区沿岸尤为常见。伊利湖东端纽约州的布法罗市，也以此类型的降雪闻名。

当然，这种类型的降雪并不仅限于湖泊地区，相似条件下，海洋地区水分蒸发也产生此类降雪。这种降雪有时被称为"海效应降雪"或"海湾效应降雪"。

雨凇

有时，过冷却雨或毛毛雨可降至地面。若地面气温或物体温度在0℃以下，雨滴在碰到物体表面时会立即结冰，形成冰覆盖层，路面被覆盖上极易破裂的"透明薄冰"。有时候，雨凇分布范围极广，且危害极大，如1998年1月，加拿大和新英格兰大部分地区遭遇了"冰暴"侵袭，给交通供电系统造成了严重的破坏。

冰粒的分类：

■ **雨夹雪**——在英国，指半融化的雪花或雪水混合物。在北美，通常指冰丸，然而令人困惑的是，有时也指英国的湿雪。

- **米雪**——直径约 1 mm 的小冰粒，实际上是从薄层状云降下的冰冻的毛毛雨。
- **雪丸**——小块不透明的冰粒子，由过冷水滴冻结而成，内含空气。有时被称作软雹或霰，也可能是冰雹的最初形式。
- **冰丸**——源自或经过暖气层中的雨滴或融化的雪花，下落到零度以下的气层时冻结而成。
- **小雹**——由外覆薄冰的雪核组成的半透明粒子。当下落到较暖的气层时，雪核搜集更多的水汽，从而形成一层透明的薄冰。

冰雹

冰雹常由透明冰层和不透明冰层相间组成，形成于不同温度的气层中。不透明冰层由过冷水滴遇雹块时迅速冻结而成，其内含小气泡。透明冰层是雹块下落到 0℃ 以上的气层时，覆盖上一层液态水，最后水冻结形成。浓厚的积雨云内的上升气流倾斜并非垂直，因此有利于冰雹的生成。云层顶部冻结的冰晶在下落过程中增大，如遇强大的上升气流，冰块又将再次上升。这种过程将多次重复，当上升气流支撑不住冰雹时，它就从云中降落下来。

冰雹可由发展相对旺盛的积雨云产生，但是最大的冰雹是由超级单体雷暴产生，因为其对流相当旺盛，可以托住极大的冰雹。单个最大冰雹堪比葡萄柚，而印度所降冰雹有时可重达 1 kg。当个体冰雹冻结在一起时，就会形成特大冰雹。目前所知的最大冰雹出现在中国，重达 4 kg。

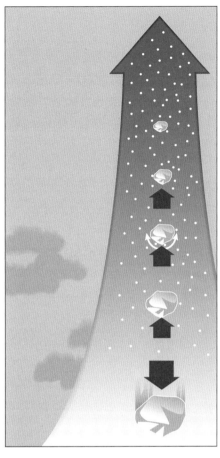

左图　过冷水滴遇冰晶冻结，如果水滴在 0℃ 以上气层，会形成透明冰层，如果过冷水滴在冻结核上迅速冻结，则吸入空气产生不透明冰层。当冰雹重到上升气流支撑不住时，就从云中降落下来
（伊恩·穆尔斯）

左图　一些冰雹（如加利福尼亚州所降冰雹）在碰到地面时就会破裂，揭示了其内部的层状结构
（史蒂夫·埃德贝格，Steve Edberg）

左图　巴伐利亚因河谷（Inn Valley）的布兰嫩堡上空因积雨云产生的强降水。雨水使天空灰蒙蒙，而冰雹则使之呈白茫茫的颜色
（克劳蒂娅·欣茨）

地面凝结物

露是地面及地面覆盖物上最常见的液化现象。任何暴露于空气中的草叶、树叶或其他物体受辐冷却即可形成露。气温降至露点就会产生露珠。水汽常来自土壤，避免了直接暴露于大气中，因此土壤温度高于地面覆盖物的温度。露珠通常很小，直径约1 mm左右。草叶或树叶上常能看见大露珠，这种露珠并非由水汽液化形成，而是植物从根部输送到叶子的水分。当空气非常湿润时，树叶上的水分无法正常蒸发，因此形成了直径为2 mm以上的大露珠。

露珠能产生"露虹"，尤其是当露珠悬挂在草叶间的蜘蛛网上时。大片草地被露珠笼罩时则会出现另一种光学现象——草露宝光，观察者背光时可见这种明亮的晕现象。

白霜

当气温降至0℃以下时，水汽并没液化成露，而是直接在物体表面凝华成冰晶，这种松软的冰晶被称作白霜。在某些情况下，这种冰晶层非常厚，从远处看时像雪。

有时候，露在物体表面形成，当气温降至0℃以下时，通常这种小露珠不会立即结冰，而是变成过冷水滴。窗户上状似蕨类的图案常由此形成。一旦冰晶开始形成，就会继续增大，因为水滴蒸发的水汽会黏附在冰晶上，从而在玻璃上形成复杂的图案。有时，露珠和增长的冰晶层之间可见明显的缝隙。

雾凇

从表面上来看，雾凇与白霜相似，然而两者的形成过程却完全不

右图 暴露在空气中的地面白霜强度较大，并通过直接辐射向周边释放热量（作者）

右上图 霜降落在蜘蛛网上，但重量不足以将任一条蜘蛛丝压断（戴夫·加文）

右下图 过冷水滴与最初冰晶碰撞冻结产生枝状霜晶体，进而形成错综复杂的图案（作者）

右图 暴露在空气中的地面白霜强度较大，并通过直接辐射向周边释放热量（作者）

右上图 霜降落在蜘蛛网上，但重量不足以将任一条蜘蛛丝压断（戴夫·加文）

右下图 过冷水滴与最初冰晶碰撞冻结产生枝状霜晶体，进而形成错综复杂的图案（作者）

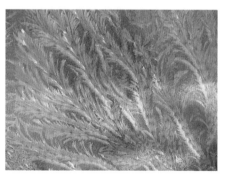

同。雾凇由过冷雾滴与冻结温度以下的物体碰撞形成。这种过冷雾滴遇物体会迅速冻结，从而形成白色的冰晶沉积物。

基于其形成方式，雾凇常形成于物体的迎风面，因此当一股携带过冷水滴的强大气流经过物体时，就会在其迎风面上形成羽毛状的冰晶。而在无风的情况下，树叶和其他物体边缘也会形成长长的"针状"冰晶。

与雨凇一样，雾凇有时也会非常严重，尤其会给树枝和灌木造成一定的损害。高纬度的气象站常遭遇极其严重的雾凇侵袭，从而使仪器无法记录精准的数据。载人气象站上的雾凇有时用手可以清除，但如果是自动气象站，则用各种加热措施以防止仪器上冰晶的生成。

上图　树木被雾凇（雾中过冷水滴形成）覆盖
（维基百科）

最左图　长绳上的雾凇由含过冷水滴的空气沿山的一侧缓慢爬升形成，因此其"羽状"水平角度朝下
（作者）

左图　位于巴伐利亚阿尔卑斯山脉的文德尔施泰因山（1838米）上的气象站监测仪器上出现雾凇奇观
（克劳蒂娅·欣茨）

第八章
能见度

上图 阿尔卑斯山脉高处空气干燥，天空呈深蓝色，图片来源于瑞士少女峰天文馆（作者）

下图 潮湿空气中的水汽反射光中的长波，从而使远处物体更模糊，由此产生空间透视现象（作者）

大气的透明度取决于悬浮于其中的颗粒类型。由于空气很少呈完全干燥状态，因此即便是大沙漠上方的空气，也含有一定量的水蒸气。在极高纬度地区，空气干燥，无悬浮颗粒，天空呈深蓝色。而在低纬度地区，水蒸气往往散射太阳光，因此天空呈淡蓝色，远处的物体也更加明亮，这就是我们不知不觉会用到的空间透视法。

大气的透明度同样受到悬浮颗粒的影响。显然，在灰尘和沙尘暴、暴雨或暴风雪天气中，能见度将受极大影响（也可能降到零）。

影响能见度的三种天气类型为：

■ 霭
■ 雾
■ 霾

前两种天气类型产生于大气中悬浮的水滴。根据国际上的定义，能见度超过 1 km 的叫霭，小于 1 km 的叫雾。然而，在实际应用中，尤其是道路交通安全方面，当能见度低于 200 米时，天气预报中用"雾"来形容这种低能见度天气条件。

两种最常见的雾为：

■ 辐射雾：地表向大气中释放热量，使地面气层冷却形成。
■ 平流雾：暖湿空气流经较冷的下垫面时，冷却至露点形成。

辐射雾

有利于形成辐射雾（霭）的条件是：

■ 天气晴朗，有利于地面向大气中散热。

- 夜间空气湿润（多发生在秋季和冬季）。
- 空气有足够时间冷却达到露点温度（同样多发生在秋季和冬季）。
- 风力微弱，风速通常小于4kn（7.5km/h）。

最后一条似乎并不是必要条件，但微风可使近地面空气得到更换，从而使冷却在较薄的气层（厚度15～100 m）中进行。在少数情况下，形成的辐射雾极厚（约300 m）。日间雨后、河谷或其他水域附近地区湿度较大，常有利于辐射雾的形成。

若风力增强，大气波动使近地面湿空气与高层干空气交换，或阳光使地面开始受热时，辐射雾会蒸发消散。雾层常在完全消散前抬升形成较低的层云。太阳释放的热量可以产生谷风，从而使雾分散成片状并沿山坡爬升。清晨，山风使谷雾沿山坡下滑，随着太阳的出现，雾层受热抬升，谷风开始形成。

傍晚雨后的空气（并非地面）在日落后迅速冷却，此时地面上会形成很薄的雾（厚度为1～2 m）。

平流雾

平流雾是暖湿空气流经冷的下垫面（通常是海或开阔的洋）时冷却形成。下垫面的温度须在露点以下，才能形成大范围的海雾，随后海雾会被风（平流的）带到邻近的海岸上方。白天，这种雾在陆地上会消散，但可以在海上持续很久。夜间，随着陆地降温，雾又开始形成。这种被到陆地的海雾有时被

上图 苏格兰的大峡谷，弥漫着谷雾（夜间形成的辐射雾）
（戴夫·加文）

称为"哈雾"。"哈雾"一词最先在苏格兰和英格兰东北部海岸使用，但实际上是指北海形成的低层云。

暖湿空气流经冷的陆地时同样可形成平流雾。当陆地被雪覆盖，且气温维持着在在零度左右时有融雪产生，这时常会形成平流雾。

下图 卫星云图监测显示，北海北部和南部、英吉利海峡出现大面积海雾，并扩散到法国北部、比利时和东安格利亚部分地区
（欧洲气象卫星组织）

上图 厚密的海雾受到清晨太阳光的加热，正逐渐消散（作者）

其他类型的雾

在相反的情况下，冷空气流经暖水面时也可以形成雾。水汽从水中蒸发，遇冷迅速凝结成小水滴，从而在水面形成可高达 50 m 的环状"蒸汽"层。在严寒的冬季早晨，未结冰的河流和湖泊上空，可以看见这种"蒸汽雾"。另一种更壮观、更广泛的雾是"北冰洋蒸发雾"，这种雾出现在极地地区，由极冷空气流经广阔水域时形成。

在极寒冷的天气下，如西伯利亚、加拿大北极地区或南极地区，雾中的水滴常冻结成小冰晶，形成"冰雾"。这些冰晶很小，并不影响大气的能见度，但在阳光照射下会闪闪发光，被称为"钻石尘"。阳光经过小冰晶的折射和反射，形成绚丽的晕效应和一些光学现象，且部分光学现象只有在这种条件下才能被观察到。

另一种雾是烟雾（"烟"和"雾"的混合体），以烟或其他污染物作为其充沛且十分有效的凝结核。烟雾的雾滴比一般雾滴小，且能随着气温下降更快地形成。由于凝结核相当多，因此烟雾往往比水态雾持续时间长。这种烟雾应与大都市常出现的光化学烟雾（汽车尾气及其他污染物经紫外线作用产生）区分开来。在夏威夷，火山气体也可以产生类似的烟雾，当地称之为"火山雾"。

霾

霾是悬浮在空气中极细微的干尘粒子，可使远处物体略显模糊。这种粒子通常很小，能散射太阳光，形成早霞和晚霞的景象。霾常在白天形成，逆光观测时，呈清晰的褐色层次。

右图 炎炎夏日霾层下的日落（作者）

第九章
地方性风及其效应

风在全球天气系统中起着重要的作用，因而不同地方性条件下形成的数十种地方性风也有各自独特的名称，这些地方性风常能引起明显的天气变化。

有时候，世界各地对同一种地方性风称呼也相同。例如"道格特风"，指任何缓解炎热、潮湿天气的风，西北非、南非及澳大利亚西部也用该风形容受人们青睐的风。又比如"威利瓦飑"，指一种突发的从山脉下行吹向大海的阵风，美国的南北两端：巴塔哥尼亚的麦哲伦海峡和西北部的阿留申群岛也常用该名称。

地方性风

全球除众多已命名的风以外，还有多种地方性风，这种风是在一天的某个时段，由乡村上空的特定条件产生。地方性风可以发生在世界的不同地区，主要由陆地或海不同地区的温差造成。

五种主要的地方性风为：

- 海风
- 陆风
- 湖风
- 谷风
- 山风

除以上具体分类之外，特定地区的

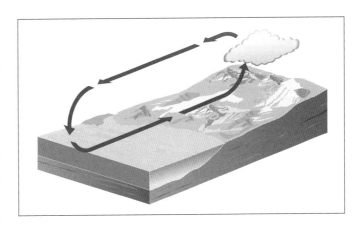

风必然会受到当地地形的强烈影响。当空气流经高山屏障间的狭窄空间时，可产生极强的风（显而易见，被称为山峡风）。例如，西班牙高地和非洲北部的阿特拉斯山脉之间的立凡脱风。密史脱拉风在流经罗纳河谷（Rhône Valley）时同样也会变得强烈。当漏斗效应特别强大时，形成的风被称为峡谷风。其中一个最著名的是可沙瓦风，在多瑙河流经喀尔巴阡山（Carpathian）山脉至贝尔格莱德东部区域时形成。

海陆风

日间，陆地比海面增温快，陆地上的热空气不断上升扩大，由此产生的海陆压强差使海面上较冷的空气流向内陆，从而形成海风。在海岸及临近的内陆地区，尤其是在春季和初夏时，

上图 白天，陆地比海面增温快，海上冷空气吹向内陆，形成海风
（伊恩·穆尔斯）

上图 平行于海岸的山脉上空沿海风锋形成的云
（作者）

海面及上方空气较冷，海风会将海雾带到内陆。这时，阳光明媚的早晨会变得像沉闷凉爽的下午。

随着时间的推移，海风逐渐向陆地推进，最远可深入内陆数十千米（甚至更远）。通常，当气温发生确切变化时，会形成明显的海风锋。空气沿锋面抬升，形成积状云（通常是积云），并

右图 伯克敦附近奇特的晨暮之光景象，而此时呈三条清晰的卷轴云
（维基百科）

右图 图像经执行双子座任务时拍摄，清楚显示了印度两岸陆风锋形成的云带
（NASA）

逐渐向内陆移动。如果海风锋遇丘陵或山脉等高地，会被迫抬升形成浓积云，或积雨云。这些云会在丘陵上方形成降雨，甚至带来雷暴雨。

海风通常垂直吹向海岸，尤其是在没有显著梯度风的情况下。如果是半岛，则海风向其两侧推进，并在半岛上空相遇，从而形成旺盛的云（以及大雨）。英国康沃尔遭遇的一些重大洪灾就是由这种原因造成的，例如，博斯卡斯尔（Boscastle）在2004年发生的一场大洪灾（从更大规模上来讲，澳大利亚昆士兰约克角半岛两侧的海风，有时通过相互作用产生庞大的卷轴云——飑线的主要特征，被称为晨暮之光——并越过卡奔塔利亚湾（Gulf of Carpentaria）向西发展。飑来临时，气压突降，有时伴随着数条明显的卷轴云）。

海风向内陆推进时，海洋空气在海风锋面上升，并在适当的高度流回海面，有时该气流会形成薄薄的云层，并逐渐向海面延伸。

陆风在夜间形成，与日间海风的热力环流相反。日落后（尤其是天空无云时），在没有太阳光的情况下，陆地降温比海洋快。厚密的冷空气从低层流向海面，这种陆风一般从午夜开始，并持续到黎明时分。与海风一样，冷暖气流交界处存在着锋线，由此产生积状云，并在夜间逐渐向海面移动。据清晨时捕捉的卫星图像显示，海风锋通常是一条带状的云，向海中延伸数千米，且与海岸线平行。（双子星宇航员获取的著名图像显示了印度两岸的陆风锋，其中一个出现在离陆地几百千米的孟加拉湾上方。）正如海风一样，陆风也可以在海

右上图　傍晚日落以后，陆地降温比海洋快，风从陆地吹向海洋，从而形成陆风
（伊恩·穆尔斯）

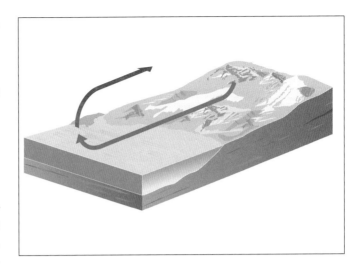

右中图　湖风的形成和海风类似，即使山谷陡峭，云也会在高处快速形成
（伊恩·穆尔斯）

上产生积雨云，甚至是雷暴雨。

湖风

大型水域（如北美五大湖）能产生与大海附近同样强大的海风。小湖泊也以相似的方式形成风，但风的强度会受到水的深度和周围村庄的的影响。浅水湖泊比深水湖泊加热快，从而使湖面和周围陆地的温差减少，并产生较弱的湖风。湖的方向也起着很重要的作用，如果湖位于山谷中，山谷一侧经阳光强烈照射时，产生的湖风可能更加强烈。

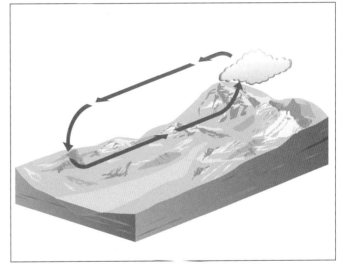

谷风和山风

日间，山坡受热产生暖气流，气流流向山谷顶部，并沿山坡向山脊爬升。如果是夜间形成的雾，那么将在清晨时抬升，形成层云，随后分散成碎云片，并沿山坡上升。这种谷风常日出时形成，日照最强烈时（通常在午后不久）最为强劲，日落时停止。受日光照射的山坡上，谷风风速可达20 km/h，但阴面山坡的谷风风速则很小，通常难以观测。

谷风的形成受到整体梯度风极大的

右下图　山谷两侧和顶部受热时，产生谷风，山脊和山峰形成云
（伊恩·穆尔斯）

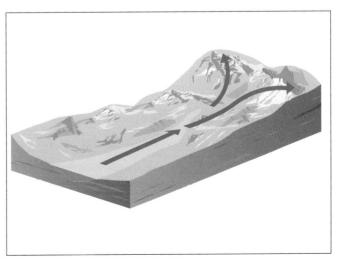

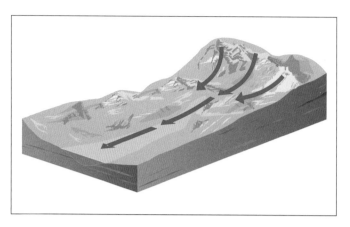

上图 夜间，谷坡上辐射冷却，山风顺坡而下，流入谷底，通常情况下，山风比谷风更强劲
（伊恩·穆尔斯）

影响，且温暖的反气旋的大气条件下谷风最为强劲。如果梯度风十分强烈，那么丘陵或山地峰峦区域引起的湍流会阻挡谷风的形成。

山风在夜间形成，其热力环流与谷风相反。日落时，太阳光照停止，山坡降温速度比山谷快。冷却的、密度较大的空气沿山坡向下流入谷底。山风强度一般比谷风弱，但风速常达 12 km/h，如山谷是狭窄的峡谷，则山风将更加强烈。山风常在日出后持续一段时间，实际上，霭和雾常在清晨被最后残留的山风吹向谷地。

当高地上（特别是被雪或冰覆盖时）存在冷空气时，就会形成与山风密切相关的更极端的风。与高地面接触的空气会变得极其寒冷，密度增大并沿山坡急速下滑，这就是下降风。这种风的

下图 积雪或积冰地区的空气降温会形成下坡风，即使下降过程中绝热增温，这种风仍很寒冷
（伊恩·穆尔斯）

冰雪覆盖的地区　极寒空气　冷空气　凉爽空气

影响范围常比地方性山风大。许多具体的地方性风就属这种类型，最著名的一个是影响亚德里亚海东海岸（主要是克罗地亚海岸）的强劲的布拉冷风。密史托拉风（已提到过）也是一种类似的下降风。最强的下降风出现（并不奇怪）在南极洲，其乔治五世海岸上的联邦湾因最大年均风速保持着世界纪录（67 km/h）。（在同一地点所纪录的最大风速为 320 km/h。）

焚风

任何风在沿坡下降时都按绝热增温，焚风却是个极端的例子。如前所述，空气沿山坡上升时，以干绝热递减率（DALR）降温，有凝结产生时，又继续以较低的湿绝热递减率（SALR）降温。当空气沿丘陵或山脉背风坡下沉时，以何种递减率增温取决于该气团是否形成降水失去水分。如未失去水分，那么气团先按SALR增温，一旦所有的凝结水滴（例如云滴）蒸发，则继续按DALR增温。然而，如山上有降水产生，则气团残留水分较少，并开始迅速增温。则背风坡任一高度的气温将比迎风坡高。山的背风坡产生"雨影"效应，气温会将更高。这就是焚风效应，焚风也可以非常强烈。例如，来自地中海的南风常在阿尔卑斯山的迎风面形成降雨和降雪，并在山脉北部下沉时急剧增温。

突如其来的焚风可使气温急剧上升，例如，焚风可促使积雪消融，持续的焚风使树木、灌木及木质品干枯从而引起火灾。焚风时常会出现与山脊平行

的长带状层云或高层云，德语里称之为"焚鱼"（föhn fish），而钦诺克语称之为"切诺克拱状云"。这些云常在日出日落时色彩缤纷，尤其当山脉（以及云）呈南北走向时更加绚丽。

左图　绚丽的钦诺克拱状云，阿尔伯达西南部上空常见这种色彩极其壮观的云（维基百科）

地方性效应

除各种地方性风以外，还有各种地方性效应。例如，当风进入河谷时，会加速流过曲折蜿蜒的河谷，风速增大（尤其当谷坡十分陡峭时）。风流入建筑物之间，风速会增大并变成阵风，对此原理我们并不陌生。与此类似，当风向两山对峙的峡谷和狭窄山坳地带流入时，因狭管效应，风速会急剧增大。可沙瓦风正是在喀尔巴阡山脉间多瑙河形成的此类峡谷风。当风从岛屿间的海上经过时，即使岛屿十分低洼，也会出现类似的狭管效应，风速会相应增大。如果海岸线陡峭，狭管效应会更强，从而使微风变成强风。例如，地中海的科西嘉岛和撒丁岛（均为多山的岛屿）之间的海峡会产生十分强大的风，从而对毫不知情的海员们造成威胁。在直布罗陀海峡地带，也会形成强大的西风，风速可增大到原来的2倍。如果是东风，狭管效应则不会如此明显，其表层的水由大西洋源源不断地流入其中（地下水则流向大西洋），"逆水之风"可使水面波浪起伏（尤其是直布罗陀海峡的临近海域）。

海岸地带也会出现其他天气效应。如前所述，风对海面的摩擦力增大时，风速及科里奥利力均会减小，风在返回越过等压线时更加强劲，并流向中心低

湿润空气　　温暖干燥空气

值区域。当风袭击低洼的海岸时，也会如此，但还会产生其他影响。由于风流向陆地时风速降低，因此气流常在近海处增强，从而使风力加大。如果海岸线较陡，则气流会像冷锋一样，使热空气抬升，且在对流作用下，在海岸上空形成积状云，如有阵雨产生，则会使其发展成雷暴雨。近海区域天气会发生变化，范围达 5～10 km。在朝陆地的一侧，增强的对流运动可向内陆深入 50 km。夏季，常在夜间形成雷雨天气。

即使风沿海岸线吹，风速也会增大，且海岸线地势越陡，风速越大。当然，如果风从陆地吹向海，则会产生不同影响，由此常形成向海上延伸的弱风区。此外，海岸线越陡，弱风的范围越广，其宽度可达沿海悬崖或丘陵高度的十倍。如果海岸是陡峭的悬崖，气流从

上图　地形抬升使山地迎风面产生降水，背风面的风会变得干燥，迅速升温，从而形成焚风（伊恩·穆尔斯）

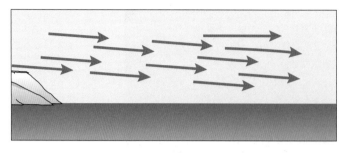

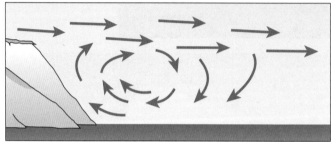

其上方经过时会产生难以预料的垂直狂风，某种情况下，可在海上下风侧形成大的垂直旋涡（枕状旋涡）。此时，海面风不仅强劲，且会改变方向吹向悬崖。相反地，如果风从海面吹向极高的峭壁，海上的上风侧会形成旋涡。这是枕状旋涡，此时风向也会改变，并吹向悬崖。因此，内陆险峻的峭壁及山岭地带也会出现此类效应。这类枕状旋涡，对于狭窄、陡峭的峡谷间飞机跑道上飞机起飞或降落都会造成极大威胁。

上图　大气条件不稳定时（如有积云形成），山崖下方常形成枕状旋涡，并伴有阵风和不稳定风
（伊恩·穆尔斯）

下图　如果是向岸风，悬崖常能引起迎风枕涡的形成，并伴有阵风
（伊恩·穆尔斯）

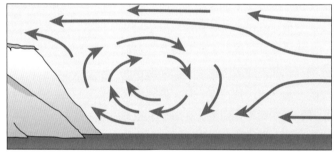

当风向与海岸大致平行时，将受到海角或岬角的影响。如果陆上地势低洼，则无法阻挡气流，但近海处的风会增强，并在岬角后开始盘绕。在梯度风的下风侧，甚至会产生流向突出海角的反向气流。若海岸线十分陡峭，这种效应会显著增强，以至于在海角后形成一个大的水平旋涡，甚至是小范围的局部低压区。当然，陆上多山地区也会产生相似效应，且孤立山峰后的低压区也有利于旗云的形成。

右图　如果是沿岸风，可能会在地势较高的海岬后方形成明显的地压区和旋涡
（伊恩·穆尔斯）

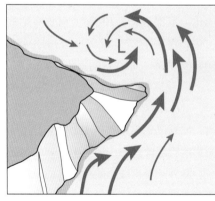

第十章
阵雨和雷暴

阵雨

对于大部分人而言，"阵雨"仅仅指短时间的雨，而对气象学家而言，阵雨却有更具体的含义：对流雨。例如，浓积云或积雨云产生的雨，这种降雨的范围相对有限，不同于锋面云（雨层云）产生的极大范围的降雨。如前所述，有时对流云会嵌入锋面云，尤其是冷锋云系中，从而带来局部强降雨。当然，发展旺盛的积雨云会产生冰雹，或发展成熟为雷暴雨。

只有在大气不稳定且有对流运动时，才会形成浓积云和积雨云。相对于天空无云区（气流下沉，实现与上升热气流的平衡）而言，云量（云内为上升气流）的多少，表明了空气对流的强弱。因此，大致来讲，当云覆盖区域大于晴空区域时，可能产生阵雨。此外，阵雨云通常很厚，且云底非常暗。

阵雨的持续时间和范围及降水强度和形式主要由季节决定。尤其在冬季，冻结高度相对较低。降水经伯杰龙·芬德森（冻结）过程产生。然而，冬季形成的云层较薄，水汽较少，这时的降水主要是小冰粒、雪丸或雪花。依据温度廓线，这些固态降水在降到地面前会融化成雨水。

左图　此图刚拍摄不久，积雨云阴暗的底部就有雨水降落。远处的云已经开始降雨
（作者）

下图　冬季受西北寒冷气流影响，极薄的积雨云在海上产生强降水
（作者）

右图 从上面看，发展旺盛的浓积云开始冰晶化。约30分钟后就可产生阵雨，在此之前飞机降落，由于暴雨和大冰雹将持续10分钟，乘客暂时滞留在航空站
（作者）

夏季，气温高，则云层厚，水汽多，其冻结高度也更高。在云的初始阶段，即浓积云阶段，雨滴通过"暖云"降水过程，即云滴的碰撞和碰并作用产生。随后，浓积云发展成积雨云，云层出现冰晶化时，雨滴则通过"冷云"降水过程产生。初期，阵雨云形成的雨滴中水含量较少，且多数雨滴受上升气流影响悬浮在空中。当雨滴水含量增多时，雨滴变大，使上升气流减弱，无法将其"托住"，最终形成强阵雨。

当积雨云十分浓厚，达到冻结高度以上时，云滴开始过度冷却，但当气温降至-10℃左右时，冻结核开始起作用，使云滴冻结成小冰晶。如果云层继续垂直向上发展，所在气层温度降至-40℃时，过冷云滴会立即冻结，云层完全冰晶化。水滴遇冰晶会迅速冻结，形成冰雹粒子。小冰粒会被上升气流携带到不

同温度的气层（如前所述），并不断增大，当冰粒增大到上升气流无法将其托住时，形成冰雹。

浓积云和积雨云发展与消亡的三个阶段：

■ 初始（发展）阶段：浓积云
■ 成熟阶段：秃积雨云，随后发展成鬃积雨云，并带来特大降水。
■ 后期（消亡）阶段：逐渐消亡，降水量减少。

前两个阶段各持续约20分钟，初期阶段会形成大雨滴，但大部分降水发生在成熟阶段，最初是大雨滴，逐渐发展成夹杂冰雹的暴雨。而在消亡阶段，强烈的下沉气流占主导地位，从而切断了云内暖湿气流来源。该阶段约持续30分钟到两个小时，其间降雨量减少，雨滴也变小。一般来讲，积雨云单体可持续90分钟。

单个小块积雨云的面积为10～12 m²，其降雨持续10～30分钟。日间，地面空气受光照加热，对流运动由此产生，因此，阵雨常在夜间停止。当冷空气在夜间流经温暖海面时，其对流也会促使阵雨云的形成。

如果梯度风较弱，单个孤立的云团就能呈现积雨云发展的不同阶段。如梯度风较强，则需要多个云团。如有较强的风切变，则云的顶部先于母体部分开始发展，并带来降水，甚至暴雨天气，其对流运动往往变得更加强烈，降雨也更加猛烈。

对流运动强烈时，上升云团可达到稳定层（甚至是对流层顶），并在其下方水平铺展开来。层积云与高积云（积

下图 发展成熟的积雨云产生强降雨。最终，湿热的上升气流受到下沉气流的阻抑，云层得不到上升气流的补充，雨水就会停止
（作者）

云性层积云和积云性高积云）通常由积云遇逆温层形成，与其不同的是，这时形成的云常类似高层云或雨层云（积云性高层云或积云性雨层云）。云层常具有明显的纤维结构，并有毛卷云伴随出现。如遇强大的风切变，则会形成庞大的云砧（砧状积雨云），其下方常有乳状云伴随出现。

当梯度风较强时，阵雨的雨时短促，阵雨间晴空的时间十分长。当梯度风微弱时，阵雨往往持续很久，因此一天所降次数相应减少。由于云内旺盛的上升和下沉气流，积雨云常带来狂风天气。上升气流向云内卷吸周围的空气，从而形成一种似乎刮向移动的云的"风"。这可能使无经验的观察者感到困惑，也解释了我们偶尔听到的阵雨"逆风"而降的说法。相反的，下沉气流会在云下前方产生强阵风，这种阵风锋面上风向及风力的改变很常见，有时也会非常显著。进入云中的空气常受到下沉冷气流的阻抑，从而在阵风锋上形成明显的卷轴云或滩云。

积雨云吸进空气将使新的单体不断产生，最终在云的发展和演变的不同阶段会形成单体群。这些新生的单体使整个单体群生命周期得以延长，然而，由于对流常在云的一侧生成，因此会给地

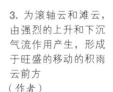

1. 鬃积雨云云砧即将发展成熟，产生降水。云的细鬃条纹状清晰可见
（作者）

2. 为积雨云，由于冷空气经过相对较暖的海面，个别云开始形成云砧
（作者）

3. 为滚轴云和滩云，由强烈的上升和下沉气流作用产生，形成于旺盛的移动的积雨云前方
（作者）

4. 庞大的、旺盛的积雨云正将空气吸入其中，从而在不同的发展阶段产生新的云团，并带来强降水和雷暴天气
（作者）

面不同区域带来降水。

云层产生的降水蒸发，吸收地表热量，从而使气温降低，因而阵雨常使地表温度下降3℃左右。

雷暴

雷暴常由庞大的、发展旺盛的积雨云演变而来。尽管历经多年研究，但对于云内电荷分离方式及云层放电的原因仍没有公认的理论能作出准确的解释。众所周知，此时云的温度须在−20℃以下，云内须同时存在水滴和冰晶。电荷的产生和分离似乎与高空云内冰晶的冻结和分解有关。带正电的较小颗粒被上升气流携带到云的上端，带负电的较大颗粒则在云的底部聚集。当云被风带到地面上空时，地面受到云底的负电荷感应，会带上正电荷。正电荷在地面移动，当电荷变得足够强时或云底与地面的距离足够短时——通常在高的物体上，例如，高楼或高大的树上——电荷就会冲破空气的阻碍相接触形成强大的电流，从而形成闪电。

然而，这种形成机制并不能用来解释所有的闪电现象，闪电可以在云内

（云内闪电）、云与云间（云间闪电）或云与地面间产生。对于这些放电现象产生的原因已有多种推测，其中包括宇宙线产生的放电，但仍未得到证实。近些年来，人们发现了与雷暴相伴而生的多种不同的电现象，以及闪电伴随着X线和高能伽马射线的释放，甚至正电子（与电子相对的反粒子）的出现，但所有这些现象与其产生机制并无实质性关联。

闪电的温度极高——高于太阳表面的温度——通道中的空气受热膨胀，并以超声速爆破，从而形成雷声。当然，闪电产生的光可瞬间传到人眼，而雷声的传播速度较慢，因此，根据自观察到闪电起到听到雷声的时间间隔，可以得出闪电到观察者的距离：约为3 s/km（5 s/mile）。如果闪电持续出现，那么产生闪电的云团可能会从你头顶上经过。然而，就像积雨云带来降雨一样，产生电现象云团的生命周期为20～30分钟。因此，云团经过头顶上方之前，这种电现象就会停止。如果可以看见闪电，却听不见雷声，那么云层距离观察者可能为25～30 km。

有时人们将"叉状闪电"（能看见闪电通道）和"片状闪电"（看不见闪电通道）加以区分，实际上，这两种闪电的形成过程一样。所谓的片状闪电是云内或云与云间的放电现象，其闪电通道常被云层遮挡。另一个错误的观念认为，夏季产生的"热闪电"有特别之处，这实际上是远处的闪电。闪电离我们很远，所以听不见任何雷声。有时候云内闪电会行走数公里，像是从晴空延伸至云层边缘，因此就形成了"晴天霹雳"，这就是为什么雷暴天气时应格外当心的原因。

下图 傍晚出现在海上的闪电，其枝状结构明显，是典型的"叉状"闪电，放电将通过主通道进行。图的左边为其他云内产生的闪电现象（邓肯·沃尔德伦）

闪电的发生过程分为多个阶段。一般是通过梯级先导开辟云到地面的电离通道。这种闪电常呈枝状，有多个电离通道。当其中一条通道伸向地面或高建筑时，就会形成放电通道，主要电流通常由地面向云底延伸，从而产生云和地面之间的回击现象。通常这种过程在极短时间内发生，肉眼无法看清，但有时该过程相对缓慢，可呈现闪击。这样的多个闪电通道可被特殊相机捕捉到，然而在个别情况下，如观察者以垂直于闪电光线的角度极速移动（例如，在火车或飞机上）时，肉眼也可以观察到。有时，当云上端的正电荷足够强时，云端和地面之间就会产生放电，其电流方向与多数闪电内电流方向相反。这种正电荷放电产生的电流通常比地面到云的电流强大。

左上图　为两个分开但相邻的云团中产生的四道闪电。只有最远的闪电才有明显的枝状结构
（邓肯·沃尔德伦）

右上图　积雨云被"片状"闪电照亮。清楚显示出闪电如何从云内一个位置移向另一位置
（邓肯·沃尔德伦）

雹，但更常见的是闪电现象。尽管每个单体的生命周期为30～60分钟，多单体风暴却可以随着新单体产生持续数小时，并可以在城市上方移动很远一段距离。如有闪电，那么单个闪电位置表明了单体的存在，人们由此判断风能否将单体带至头顶上方。整个系统内后侧的单体不断消亡，但会有其他单体不断产生。

多单体风暴

对流单体吸进空气会不断产生新的单体，并在对流中心外形成"侧边线"。这些新生的单体形成旺盛的单体群，从而产生多单体风暴。远距离观察，可以确定单体群的每个单体。

有时多单体风暴可带来强降雨和冰

下图　吸入云中的空气常产生新的云单体，而阵风锋上的冷下沉气流可使暖湿气流抬离表面
（伊恩·穆尔斯）

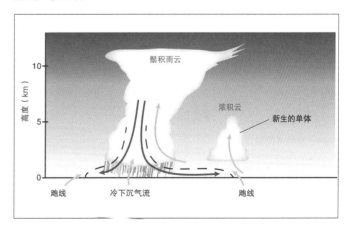

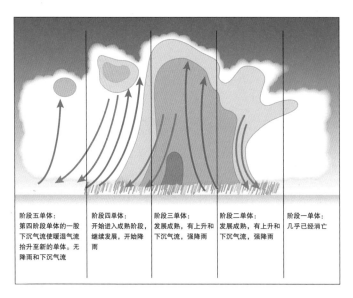

阶段五单体：
第四阶段单体的一股下沉气流使暖湿气流抬升至新的单体。无降雨和下沉气流

阶段四单体：
开始进入成熟阶段，继续发展，开始降雨

阶段三单体：
发展成熟，有上升和下沉气流，强降雨

阶段二单体：
发展成熟，有上升和下沉气流，强降雨

阶段一单体：
几乎已经消亡

上图　一个多单体雷暴体，由五个阶段的雷暴云单体组成。图右中后侧的单体几乎消亡。而降雨多发生在第三阶段发展成熟的单体下方
（伊恩·穆尔斯）

超级单体风暴

一种威力更强大的风暴是超级单体风暴，它的产生是由于气流极不稳定、风速增加或风向随着高度极速改变。与多个单体风暴不同的是，超级单体风暴可产生一个系统，由垂直旋转的上升气流组成，被称为中气旋。中气旋的云顶可高达8～15 km，气旋内有上升气流和下沉气流，冷空气由中层进入。通常情况下，积雨云中下沉气流常抑制上升气流的发展，从而缩短云的生命周期，但在超级单体风暴中，上升气流呈倾斜状，因此风暴往往能快速穿过城市。冷的下沉气流无法抑制上升气流，因此风暴能长时间存在，往往能持续6小时或更久。整个中气旋的旋转常使各种上升气流和下沉气流分离，从而使系统存在更久。例如，在夏季，法国上空会出现超级单体风暴，有时会经过英吉利海峡，给英格兰南部地区带来强风暴，并可能深入到内陆地区。

超级单体内气流发展旺盛，常形成大的"拱形"，这时的上升气流最为旺盛。这种情况下最有利于大冰雹的形成，这些冰雹会被强烈的上升气流向高空携带，并逐渐增大，直到上升气流无法将其托住时从云中降落。

超级单体风暴的威力最大，常带来暴雨、破坏性的大冰雹、多种闪电现象。下沉气流可能会极其强烈，从而给当地造成危害，但更为严重的是，超级单体常带来极具破坏性的龙卷风。超级单体风暴常在夏季的中纬度地区出现，尤其是美国中部和西部的一些州的上空以及世界上其他陆地区域。在热带地区，一年四季都会出现超级单体风暴。

右图　超级单体风暴内，是一个由强烈的上升气流引起的"拱形"，并不产生降雨和冰雹
（伊恩·穆尔斯）

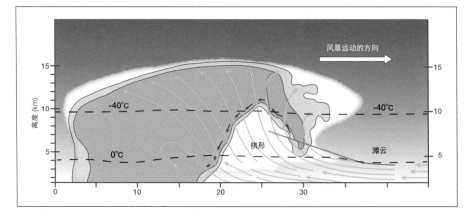

风暴运动的方向

高度（km）

-40℃

-40℃

0℃

拱形

滩云

上图 拍摄于新南威尔士州，在夕阳的映衬下，此风暴云体中超级单体中尺度气旋的旋转常清晰可见
（邓肯·沃尔德伦）

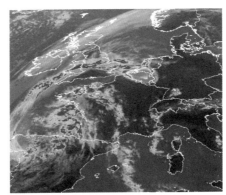

左图 为2009年5月25日红外云图捕捉的图像，从中可以看出，法国北部两个明显的雷暴体，以及覆盖比利时上空的中尺度对流系统
（欧洲气象卫星组织）

中尺度对流系统

通常情况下，积雨云会发展成更大的雷暴群或飑线，且极不稳定。这种雷暴群被称为中尺度对流系统，由多个浓积云、积雨云和层状云组成。这种雷暴群的对流发展旺盛，可产生强降水，时间越久，对流越旺盛，从而使对流层底部积累了厚厚的冷空气层。云的上端常形成大的云砧或卷云盖。中尺度对流系统可持续4小时或更久——比单个积雨云持续时间久。

左图 2011年7月13日，中尺度对流系统覆盖大半个捷克共和国上空。日落后于巴伐利亚和捷克共和国上空形成后不久，便移向西南的波兰国家，并在当地月升之前消亡
（欧洲气象卫星组织）

左图 卫星云图显示，积雨云、积雨云簇和超级单体的发展过程。图中的得克萨斯地区可见大型超级单体，巨大超级单体系统覆盖俄克拉何马狭地、得克萨斯州以及堪萨斯州部分地区
（作者）

下图 2011年7月13日的三张中尺度对流系统图像，捕捉于系统移向波西米亚南部上空时（捷克共和国）。
（欧洲气象卫星组织）

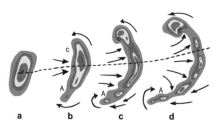

右图 卫星云图显示2003年7月21日出现在在伊利湖东岸的中尺度对流系统，由超级单体的钩状区域和长长的飑线组合而成（维基共享资源）

最右图 雷暴雷达回波发展图，回波最初集中在某区域，后成弓状（如图b和图c），随后成逗点状（图d）。回波的末端区域（A和C处）表明气流旋转产生，且常是龙卷风的产生地（维基共享资源/犹他州天气）

下图 1997年7月8日11时45分的世界时区，8号地球静止轨道环境业务卫星的红外卫星云图监测显示，中尺度对流复合体（MCC）形成于堪萨斯州和西密苏里州上空（NASA）

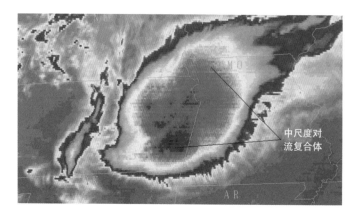

中尺度对流复合体

飑线和下击暴流

当中尺度对流系统呈带状或弧状分布时，被称为飑线。飑线常伴随或先于冷锋出现，其水平范围长达数百千米，可极速穿过城市上空。飑线产生前，强大的外流可产生新的单体。飑线本身是一种强对流天气，因此过境时，气压微升就会带来强降水天气，飑线过境后，气压随之下降。

雷达回波检测显示，回波最初集中在某区域，后成弧状——弓形回波——随后发展成逗点回波。飑线弯曲最大的中心区域，下沉气流——被称为下击暴流——最为强烈，在猛烈地触及地面后转为水平辐散气流。这种下击暴流会对飞机造成极大危害，尤其在起飞或降落时。下击暴流也会对地面造成大范围危害。

飑线的最大水平范围可达200千米（或更远），被称为下击暴流族。由于阵风锋后会出现飓风级风，因此其破坏性极大（下击暴流族中，阵风锋后的风速增加而不会减少）。

中尺度对流复合体

有时候，特别强大的、发展旺盛的中尺度对流系统可组织成一个巨大的对流系统，即中尺度对流复合体。经红外卫星云图观测，这些系统特征明显。红外温度低于−52℃的冷云区面积不小于$5 \times 10^4 \text{ km}^2$，以及红外温度低于−32℃的云罩面积不小于$10^5$平方千米。这个时期持续6小时以上才被称为中尺度对流复合体。傍晚或夜间，较小的单体群合并成有组织的系统，此时中尺度对流复合体开始发展，且常持续到第二天。这种强大的有组织的系统出现在美洲、非洲和亚洲地区。这种天气系统由陆地移向海域时，会产生热带气旋现象。

第十一章
罕见的恶劣天气现象

旋风

"旋风"可引发多种天气现象，其中一些天气现象（如龙卷风）极为猛烈、且破坏力极大，多数现象强度较弱，但都会对地面造成某种程度的破坏。旋风包括：

- 尘卷风
- 漏斗云（管状云）
- 陆龙卷
- 水龙卷
- 阵风卷
- 龙卷风

尘卷风

尘卷风是一种常见的旋风，可通过两种途径形成。最常见的方式是由风引起的涡旋现象，例如，风穿过建筑物（尤其是高楼）之间的狭窄空间时，形成携带树叶、纸及其他小物体的涡旋。河谷或悬崖间也可形成类似的涡旋，如涡旋经过湖面，可形成水卷，经过其他物体表面时也可形成雪卷、尘卷及草卷。

另一种是由地面强烈增温形成。地面增温可引起强对流天气，受地面不同地形影响，气流旋转力度加强。周围半坦及崎岖的地形可使上升气流加快旋转，并将物体卷扬到空中。干热地带的尘卷风常由这种方式形成——火星上常能观察到这种尘卷风。在极少数情况下，上升气流可达到凝结高度，从而在尘卷风上方形成小块积云。尽管这种尘卷风会穿越乡村地区，但其威力较小，通常不会带来大的危害。

水龙卷和陆龙卷

积状云内部强烈的对流可形成一个向地表延伸的旋转气柱。这种气柱常形成灰色的漏斗云（或管状云），且在多数情况下并不接触地表。然而，一旦接触地表，则会形成陆龙卷（产生在陆地上空）和水龙卷（产生在海面上空）。这种涡旋现象并不罕见，有时当

下图　发展成熟的尘卷风，拍摄于尼日利亚
（罗恩·利弗西，Ron Livesey）

右图 水龙卷初期形成阶段，漏斗云（管状云）开始向地面延伸
（迈克·斯彭克曼）
（Mike Spenkman）

最右图 水龙卷的漏斗接触海面，水雾（bush）形成
（迈克·斯彭克曼）

右图 墨西哥湾形成的水龙卷。旋起的水雾清晰可见，凝结漏斗内部呈空心结构
（NOAA）

天空布满层积云时即可出现，如有小范围强对流时则会形成水龙卷或陆龙卷。然而，积状云（浓积云或积雨云）以及携带的下沉气流也会出现，但被层云遮盖。尤其在水龙卷形成过程中，地表温度也起着重要的作用。当海面温度高于上层空气时，有利于水龙卷的形成，例如当极地冷空气到达冷锋后，会引起云内冷气流下沉，暖表面的热空气上升。

陆龙卷与水龙卷非常相似，两者都有一个由下沉气流组成的龙卷核心，冷凝形成漏斗云。其外部为旋转的上升气流，通常并不可见。当地表有旋转气流时，少量物体会被卷扬到空中。就水龙卷而言，龙卷的下沉气流初次接触水面的位置被称为"暗点"，此时龙卷下端可旋起环状水雾。当风速超过每小时80千米时，水雾呈圆柱体，被称为"bush"，表面看起来像龙卷风形成的碎片云。

水龙卷（和陆龙卷）持续时间较短，平均生命周期为15分钟，直径为15～30 m。水龙卷可向陆地上空移动，但一段距离后就会消散。水龙卷的最大高度约为1 000 m，但其直径和大小差别很大。我们经常可以观察到多种漏斗云及水龙卷（陆龙卷同样常见，但由于陆上障碍物对视线的干扰，常难以观察到）。

阵风卷

阵风卷是类似陆龙卷和水龙卷的一种现象，常由阵风锋上的强风和对流以及强烈的热带气旋（飓风）产生。通常，这种旋风并非冷凝形成漏斗云，且强度也不大。实际上，经报道由风暴引起的部分危害及破坏可能是由这种短暂的风涡旋产生。媒体记者常将这种阵风卷及陆龙卷（尤其）称为"旋风"。

龙卷风

龙卷风是一种与众不同的现象，与强度较弱的水龙卷、陆龙卷及阵风卷的形成方式不同。超级单体风暴中常见这种巨大的旋转气柱，龙卷风的形成原理相当复杂，人们至今仍未能完全理解，但众所周知的是，风切变可产生气柱，这种气柱初期围绕水平轴旋转。积雨云内强烈的上升气流使该气柱垂直发展，从而形成一组朝相反方向垂直发展的U型涡旋。

由于多种复杂的原因，顺时针旋转的涡旋停止，逆时针旋转的涡旋继续并加强。流入风暴中部的空气和地表湿空气形成中气旋，这种大型旋转上升气柱直径为 2 ～ 20 km，但并不触及地面。湿空气上升至风暴下端会凝结成明显的环状云区，称为云墙。中气旋加强时，会使云墙内小范围的强烈上升气流向地面延伸。据可靠性预计，上升气柱内的气压可下降 200 ～ 250 hPa，因而湿空气可迅速凝结成龙卷风漏斗。一旦龙卷风接近地面，上升气流周围会形成碎片

云，表明龙卷风发展成熟。

美国的气象条件非常有利于龙卷风的形成，但世界多数地区也会出现大型龙卷风。例如，其中一个龙卷风频发地带为孟加拉国的孟加拉湾顶部，但由于对其缺乏研究，使得相关的精确数据及其他信息难以掌握。造成死亡最多的一次龙卷风发生在 1989 年 4 月 26 日，孟加拉国沙图里亚（Shaturia）镇遭遇此次龙卷风侵袭，导致 5 000 人丧生，至少 5 万人无家可归。

龙卷风的破坏性极大，其强度按增强型藤田级数（原先的藤田级数存在某种缺陷，因此对其修正形成了改进版）划分。

需要注意的是，该藤田级数的划分依据的是估计的风速（km/h），并非实际测量结果，最大风速计量方法为 3 秒持续风速，破坏的评估依据 28 点等级测量。英国龙卷风和风暴研究组织制定的

下图 三个相连的超级单体风暴，最北部风暴引发了 2013 年 5 月 20 日强度为 EF5 级的穆尔龙卷风。干线西部几乎没有云生成（NASA）

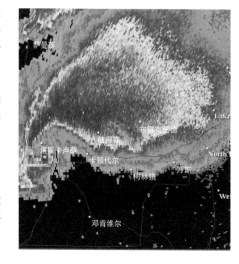

右图　据雷达反射率图像显示，2011年4月27日，超级单体风暴在塔斯卡卢萨县引发了强度高达EF4的龙卷风。图中明显的"钩状回波"即为塔斯卡卢萨县上空龙卷风发生的位置（美国国家气象局，NWS）

右上图　2011年4月27日塔斯卡卢萨县发生的龙卷风中被彻底毁坏的公寓楼（NWS）

龙卷风强度等级依据的是实际风速，并非对破坏程度评估所得。因此，对风速的精确测量，运用多普勒雷达或其他方式更加合适。

地表成熟的龙卷风直径差别很大，可达100～2 000 m。其中最大直径的龙卷风发生在2013年5月18日至21日。这一强度为EF5级、直径2 km的龙卷风于5月20日袭击了美国俄克拉何马州的穆尔城镇（造成至少24人死亡）。

多数龙卷风生命周期短，持续时间

右图　2013年5月20日，一场破坏力巨大的龙卷风侵袭美国俄克拉何马州的穆尔城镇（维基共享资源）

右图　2013年5月21日，美国俄克拉何马州的穆尔城镇遭遇龙卷风袭击后的俯视图（维基共享资源）

约15分钟。然而，很多情况下，龙卷风也可持续更久。据雷达监测显示，美国塔斯卡卢萨县和伯明翰市（均位于亚拉巴马州）遭遇的龙卷风持续达7小时之久，此次破坏力巨大的龙卷风由超级单体风暴引发，强度为EF4级或EF5级，发生于密西西比州上空，于北卡罗来纳州上空消失，影响范围超过610 km。

典型龙卷风移动距离为10～100 km，而1917年5月26日发生的三洲大龙卷（Tri-State Tornado）移动距离最大，创造了移动472 km的记录，这可能由一连串龙卷风接续形成和消失引起。多数龙卷风爆发频繁，最著名的是1974年4月3日至4日发生的148个龙卷风。

龙卷风的破坏性巨大，最近几年，人们利用多普勒雷达系统，才对风速进行了精确的测量。1999年5月3日，龙卷风袭击美国俄克拉何马城南部郊区，风速达500 km/h，创造了至今为止的最高风速纪录。

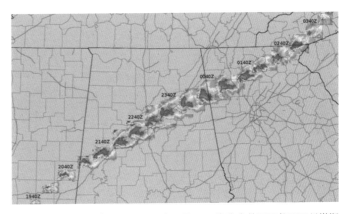

上图　复合雷达图像显示，2011年4月27日发生在美国亚拉巴马州塔斯卡卢萨县和伯明翰市的龙卷风移动路径
（美国大学大气研究联合会，UCAR）

左图　1999年5月3日，袭击美国俄克拉何马城的破坏性龙卷风。灰暗的凝结漏斗底部周边为半透光性尘云
（丹芙妮·扎拉斯，Daphne Zaras/维基共享资源）

左图　美国宇航局地球观测-1号卫星搭载的先进陆地成像仪（ALI）于2002年5月1日在拉普拉塔上空拍摄的图像，陆地卫星7号携带的增强型主题成像传感器（ETM+）则在此前1分钟获得该图像。尽管ETM+的分辨率和灵敏度不如ALI（ETM+为15 m分辨率，ALI为10 m分辨率），但ETM+的观测范围更广。该图像显示了龙卷风的移动距离——约39 km（24 mile）（NASA）

上图　2004年3月26日南大西洋上空的热带风暴卡塔琳娜。估计此时的风速小于100 km/h，这意味着此风暴系统没有达到一级飓风的强度（NASA）

热带气旋

热带气旋是一个技术术语，它指的是猛烈旋转的风暴系统，在世界不同地区，它的名称各不相同：

■ 旋风：印度和西太平洋。

■ 飓风：北大西洋和东太平洋。

■ 台风：太平洋西北部。

上面没有列出南大西洋热带气旋的名称。该地区直到2004年才有热带气旋登陆的信息记录。一个名为卡塔琳娜的主风暴系统形成于2004年3月，它给巴西海岸造成了相当严重的破坏。虽然巴西气象部门认定它为热带风暴（强度小于热带气旋的一种风暴系统），但是大多数气象学家认为它是一个真正的热带气旋。

热带气旋是一个大型（天气尺度）非锋面低压系统，其持续风速超过33 m/s。中心气压通常为950 hPa，甚至更低（1979年10月12日出现于西太平洋上空的台风泰培，其中心气压为870 hPa，创下有史以来的最低值）。

热带气旋具有非常明确的结构。它有很深的对流云团（即积雨云），以螺旋方式朝气旋中心旋转。在气旋的成熟阶段，此处有一个无云的台风眼，空气会在这里从高空往下沉。台风眼墙包围了台风眼，眼墙内部会出现最强大的对流，最密集的降水和最强劲的风。高耸的云层本身的高度通常会达到12 km（即40 000 ft）以上，在那一海拔高度上，它们会扩散进入直径约为650 km以上的卷云盾。（1988年9月的飓风吉尔伯特，其卷云盾的直径达到了3 500 km）。热带气旋很难从地面着手进行研究，因为其内部会出现各种极端复杂的环境。随着卫星图像的出现，对热带气旋的结构和发展进行具体研究成为可能，但人们依靠穿越旋风的"飓风猎人"航空器来获取数据，这些数据仍然对于理解和预测这些风暴系统的活动具有至关重要的作用。使用卫星图像的延时摄影，会清楚地显示出这些风暴系统的某些特征，如空气在低空朝气旋中心旋转的方式，以及空气在上覆的卷云盾里向外旋转的方式。卫星图像通常也会显示出完全无云的台风眼，从那里可以看到位于正下方的海面。

热带气旋的形成受一系列综合因素的控制。它们都发源于赤道槽外（朝南北两极方向5°～10°的地方），那里的科里奥利加速度促进了地球整体的自转。海洋表面的温度必须超过27℃，整个对流层里几乎没有垂直风的切变（这基本上会阻止封闭环流的形成）。但是，较高海拔的高空必然存在辐散现象，这有助于从地面吸收潮湿的空气。热带气旋是暖心低压区，它与其他的冷心低压系统不同。它所承受的极端热量，源自气旋中心周围旋转带内的上升云塔所释放的潜热。

热带气旋有各种各样的特征。许多热带国家年降水量通常有相当部分来自云带内的密集降水，有时甚至是一大部分，这些国家的农业发展往往依赖于这些降水。持续的大风天气可能会造成相当大的破坏，除此之外，猛烈的上升流和下降流还会引发龙卷风旋涡，这可能会进一步造成破坏。然而，总体而言，最大的危险不是来自风，而是来自与风暴系统相关联的风暴潮。海面上的风应力在低压的辅助下，令风暴系统下方的大量海水上升。风暴潮会在不经意间经过深水包围的一些独立热带岛屿，但当热带气旋靠近更大的海岸线时，逐渐倾斜的海底会凸显出风暴潮的高度，该风暴潮可能高出正常潮汐数米，从而导致广大沿海地区洪水泛滥。它的影响可能会被海岸线处的某些特定性质放大，例如当风暴潮汇聚进入一个河口时，更是如此。迄今为止，最高的风暴潮记录发生于1970年11月12日的孟加拉国哈蒂亚岛，它达到了12.2 m的惊人高度。

热带气旋出现在全球所有重要海洋的上空，而（如前文所述）南大西洋可能是个例外，那里的水温通常过低，并且有过大的垂直风切变，因而无法形成常规的风暴系统。

热带气旋的轨道可能很不稳定，但它们一般向西移动，通常以约10 nmi/h（19 km/h）的速度，逐渐移向两极。如果它们到达南北纬20°~30°，它们就会经常发生急剧的转向，突然转向东北方或东南方（分别在北半球和南半球）。当风暴系统的主要能量减弱时，该系统通常就会衰变，也就是说，当它们在陆地或温度较低的海域上空移动时，情况便是如此。残留的热带气旋可能会继续向更高的纬度地区移动，成为低压区（温带气旋），有一些也会融入已有的低压系统内。在后一

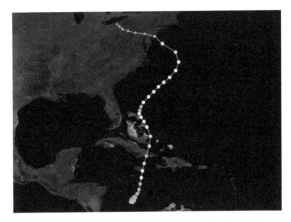

上图 名为超级风暴桑迪的风暴系统，人们将它视为唯一风暴系统轨道上的飓风。在这种特殊情况下，该系统没有体现出大多数飓风的转向特征，它本应该出现于大西洋中部上空，而非受到重创的美国东部沿海地带（NWS）

种情形下，它们可能会使现有的风暴系统得到更进一步的强化。

在任何天气系统内都不会即时形成完整的热带气旋，它的形成需要经历一些阶段。大西洋飓风经常兴起于一个东风波，该东风波也被称为热带波，它是一个大规模的浅槽，通常在高空比地

下图 后来成为飓风桑迪的热带扰动，图片由美国国家航空航天局的泰若卫星摄于2012年10月20日。在这一阶段，风暴系统还只是一组个体雷暴（NASA）

上图　2006年8月7日，略微有点不同寻常的三台风组紧密聚集于西太平洋上空。就在该图像拍摄前的几个小时，最年轻的台风博帕（中部偏左）开始增强，发展为热带风暴。台风玛丽亚（右上角）的出现早于博帕一天，它显示了不同的旋转结构和中心台风眼。台风博帕和玛丽亚的规模和强度相近，其持续风速分别约为90 km/h和100 km/h。台风桑美（右下角）是最年长的风暴系统，它出现于台风玛利亚的前一天，其持续风速约为每小时140 km。与玛利亚相比，它显然是个更大更发达的风暴系统，它具有与众不同的长螺旋带和清晰可见的中心台风眼（NASA）

萨菲尔-辛普森飓风等级

类　别	中心气压		风　速		风暴潮	
	in	hPa	m/h	km/h	ft	m
1. 微弱型	> 28.94	> 980	74 ~ 95	119 ~ 153	4 ~ 5	1.2 ~ 1.5
2. 适中型	28.50 ~ 28.91	965 ~ 979	96 ~ 110	154 ~ 177	6 ~ 8	1.8 ~ 2.5
3. 强劲型	27.91 ~ 28.47	945 ~ 964	111 ~ 130	178 ~ 208	9 ~ 12	2.8 ~ 3.7
4. 超强型	27.17 ~ 27.88	920 ~ 944	131 ~ 155	209 ~ 251	13 ~ 18	4.0 ~ 5.5
5. 毁灭型	<27.17	< 920	> 155	> 252	> 18	> 5.5

根据风速和风暴潮的潜在高度，进而划分了这些等级。需要注意的是，该等级的界定没有采用公制单位。

面更为明显，它在东北信风覆盖的区域内向西移动，同时也伴随了显著增多的云量和降水量。东风波随后发展成为热带扰动，这个组合而成的非锋面对流区与弱低压、微风、增多的云量和较小的降水量息息相关。反过来，这样的对流区可能会发展为热带低压区，虽然它也是非锋面对流区，但它是由封闭的等压线和环流组成的低压区。特别是在出现显著辐合的地方，这样的风暴系统尤其会形成于热带辐合带。风速相对较小，不到18 m/s（约为蒲福7级风力）。虽然大多数风暴系统没有得到进一步的发展，但是仍有一些会朝下一阶段继续发展，即热带风暴阶段。

热带风暴是低压中心周围结构分明的环流，它最大的持续风速（1分钟）可达到18 ～ 32 m/s。弯曲的云带如今在卫星图像上清晰可见。在这一阶段，风暴系统通常有个与众不同的名字。这些风暴可能被细分和描述为中度（风速为18 ～ 25 m/s）或重度（风速为26 ～ 32 m/s）风暴，分别约为蒲福8 ～ 9级和10 ～ 11级风力。这样的热带风暴仍会进一步发展，成为完全成熟的热带气旋。（当然，相反情况下，减弱的热带气旋仍会十分强大，足以被归类为热带风暴。）

虽然在热带风暴和气旋的界定上有一些差异，但是它们的命名程序都取决于相关的海洋盆地和气象局，美国国家气象局的飓风中心对北大西洋和东太平洋风暴系统的指定分类就是这样一个例子。这就是萨菲尔-辛普森飓风等级，它由土木工程师萨菲尔和气象学家辛普森于1971年提出。

第十二章
光线、颜色和光学现象

大气里的光与色

天空、云层和其他物体的颜色反映了当前的大气状况，其中有一些物体表明了未来天气发展的迹象。

　　大气的大部分成分为氧气和氮气，在氧分子和氮分子的影响下，天空通常呈现为蓝色。这些分子的大小，可以让它们优先将来自太阳的短波蓝光散射到各个方向，但它们对较长的波长影响甚微。（紫光也会受到强烈散射，但很大程度上肉眼看不见。）这种蓝光散射一直存在，在夜晚拍摄的长时间曝光照片里就可以看见它，天空呈现出和白天拍摄照片完全一样的蓝色。

　　这种蓝光的散射可以用来解释太阳（或月亮）上升或下降通常会呈现出橙色或红色的原因：在所有较短波长穿过大气的途中，它们都被散射到一旁，因而观测者无法看见它们。路径越长，散射量就越大。正因如此，所以当天空覆

盖着一层不会延伸至地平线的厚云时，远处所见的晴朗天空似乎呈现出淡橙色或浅红色。

　　当太阳位于天空更高处，而并非恰好在日出或日落的地平线上，阳光的一些橙色和黄色波长可能仍会照亮云层和其他物体。这一现象可见于日落时分先后呈现出不同颜色的山峰，它被称为高山辉。山峰先后被黄色、粉色、红色和紫色的光所照亮，看上去可能十分明

上图　日落时分，只剩下光的橙色和红色波段照亮云层（作者）

最左图　摄于巴伐利亚阿尔卑斯山脉，显示的是文德尔施泰因（Wendelstein）山附近山峰的高山辉（克劳迪娅·欣茨）

左图　东部天空被夕阳照亮的积雨云（作者）

显，因为低处的地面已经漆黑一片了。东面的高空云层（通常是积雨云）也会出现类似的现象。当然，在日出时分所见到的山峰，其先后呈现出的颜色顺序与日落时分相反。

　　在日落点上方的晨昏蒙影弧里，天空自身经历了一系列的色彩变幻。在日轮最终消失后不久，地平线附近的区域呈现出淡淡的黄色。该处上方是一片通常被描述为橙红色的区域，再往上方便是一片淡蓝色的区域，它逐渐融入了上方高空的深蓝色地带。之后，黄色消失了，取而代之的是橙色，而在天空更高处，粉红色转化为了紫色，最后融入了头顶上方的深蓝色。当然，日出之前所见的类似颜色顺序是相反的。

紫光

　　在极少数情况下，大型的火山爆发后，整个西面的天空变为亮紫色，使地上的景观沐浴在非比寻常、略显诡异的光线中。情景非常独特，很难将它误认作寻常日落时的天空色彩。当大型的火山喷发将硫磺液滴高高地射入平流层里时，就会出现这一现象。在那里，它们与水结合形成硫酸液滴，从而将不同波长的光散射到正常的大气中。它们与普通的散射蓝光混合在一起，产生了一种极其独特的紫色光芒。这一现象非常罕

右上图 1991年菲律宾皮纳图博火山大爆发后，日落的天空呈现出淡紫色和浅橘色（施特拉赫，Strach）

右中图 1985年埃尔奇琼火山（El Chichón）（墨西哥）喷射出的火山灰里的独特光条纹（作者）

见，它最后出现于1991年的菲律宾皮纳图博火山（Mount Pinatubo）大爆发。因受限于彩色胶片记录各种光谱颜色的方式，过去常常很难拍摄到这种紫光。只有一两种胶片能够将它真实地记录下来。数码相机似乎更有可能拍摄到这一现象，但目前尚未出现可与皮纳图博火山相比的大型火山爆发，该火山喷射到平流层里的物质在全球范围内扩散，并飘向高纬度地区。

　　当然，火山爆发有时的确会将大量的火山灰和尘埃排入到高层大气里。如同紫光一样，这些物质可能会赋予天空独特的颜色和景象。一般情况下，晨昏蒙影弧会被扩大，天空以黄色和橘色的色调为主。当大气里出现一层厚厚的物质时，整个天空可能会被染成橘色。在起伏不定的大气层里，或是亦厚亦薄的区域内，它往往会显示出色彩的细微变化。天空经常会出现这样的涟漪，它们约与阳光呈直角。

下图 青灰色的地球阴影，它以红色的对日照为边界，随着太阳的西沉而向东升起（作者）

地球阴影

　　由于地球是一个固体，因而它自身会向大气和太空投射阴影。当日落时分太阳西沉时，地球的影子会慢慢从东方升起。当条件理想时（通常是大气中存在一些薄雾或湿气之时），沿着地平线上的蓝灰色带可以清晰地看见地球的影

右图　日出时分，富士山将其震撼的阴影投射到层云和层积云里
（芭芭拉·贝克尔，Barbara Becker）

右图　日落时分，用加拿大–法国–夏威夷望远镜可能会看见夏威夷莫纳罗亚山圆顶左侧的阴影
（史蒂夫·埃德贝格，Steve Edberg）

下图　日落时分当太阳远低于地平线时，远处的积云投射了曙暮辉的光芒
（作者）

子，其上部边界呈现出淡淡的红色。这个红色的边界被称为对日照，偶尔也被称为反黄道光，但后者更适用于天文现象中（由行星际尘埃引起的天文现象），在漆黑的夜里，此处可以看见天上对日点里的一片微光。

随着太阳进一步西沉，地球阴影变黑，并从东方升起直到最终消失，融入到上方黑暗的天空中。当然，日出时也

会出现类似现象，尽管那时的影子往往不太明显。这是由于日出时的空气通常较为清新，因而影子会微弱得难以看见。

在日落或日出时分，那些位于山峰附近的人有机会看到延长的山影，它像一个延伸至远方的大锥子，投射到大气或低空云上。这些山峰的阴影可能极为惊人，其中一些，比如像日本富士山的影子，已经成了著名的景观，人们尤其会在日出前长途跋涉到山顶，只为一览这一奇观。不论山峰的实际形状如何，山峰的影子总是一个黑暗的三角形，因为影子的实际平行面似乎会受到角度的影响而发生融合。（当然，这种阴影的融合是产生"佛光"幻觉的一部分原因，这点会在后文提及。）

曙暮辉

光线或影子带常常随处可见，它们显然是从天空的某个点向四周辐射而成。它们被称为曙暮辉，由于其可见于黎明和黄昏的晨曦和暮光里，因而得名。实际上，在白天其他时间里通常也可以看见类似的射线。

当空气略微朦胧或充满水汽时，这

下图　"吸水的太阳"：阳光渗透过层积云，投射下光轴和狭长的影子
（作者）

些光线格外清晰可见。当日落或日出时分，太阳位于地平线以下时，它们会呈现出最初的形态，远处的山峰或云层会在天空投射下它们的阴影。人们常常说的黑暗阴影，会呈现出微微的淡绿色，由于穿过大气而被染红的阳光射线与那些影子形成了鲜明的对比，因而会出现这一现象。

（尤其）当阳光穿透层积云之间的缝隙时，常常可以看见曙暮辉。这些年来，这一现象的命名众多，包括"天梯""阿波罗的背索"（船员们的称呼）和"吸水的太阳"。由于这一现象通常会呈现出许多狭窄的阴影带，因而它有时会被误认为是远处的雨，但即便如此，众所周知大雨是不会出现在层积云里的。

当天空的太阳被云层所掩盖，但光轴穿过云层里的缝隙时，会看见略微不同形态的曙暮辉位于阴影带里。当空气格外朦胧或潮湿时，这种形态的曙暮辉尤为可见。

偶尔，曙暮辉会依靠既定的条件，它的光线会通过透视效果扩散到整个天空，似乎集中在太阳背面的对日点上。这些被称为"反曙暮辉"，在非常罕见的情况下，它们会形成特别引人注目的景观。

光学现象

虽然天空中可见的光学现象与天气之间只有间接的关联，但它们可以给当前和未来的天气状况提供有用的线索。除此之外，有些光学现象与出现在云里或晴朗天空里的粒子类型（水滴或冰晶）有着直接的关联。

大气中可见的大部分光学现象（连

左图　精细显示的高积云絮状云层所投射的巨大阴影
（作者）

左图　围绕着浓积云的曙暮辉，该浓积云具有"一线天"和暗影光环，本图拍摄于华盛顿特区非常潮湿闷热的日子
（作者）

下图　反曙暮辉的景观图，该图拍摄于怀俄明州的布福德附近（夏延西面），它的影子可能投射于梅迪辛博山脉的山峰处
（纳特·卡斯尔，Nate Cassell）

右图 摄于新南威尔士州的双层彩虹。这一景象有点不同寻常，其主虹与副虹之间的区域（亚历山大的黑带）与副虹外的天空一样明亮（邓肯·沃尔德伦，Duncan Waldron）

同发生在地面上的那些现象一起）可以分为两大类：那些靠水滴形成的光学现象，其中包括一些地面上可见的现象，以及那些因冰晶而产生的现象。在大致相同的标题下，我们可能也会想到其他一两种光学现象，如折射（可见于"海市蜃楼"）。

右图 一个尤为显著的主虹，该图摄于巴伐利亚阿尔卑斯山脉的文德尔施泰因山。由于人类的视觉范围有限，因而肉眼通常无法看见其紫色（克劳迪娅·欣茨）

右图 为高空太阳所产生的具有附属虹的低空主虹（作者）

右图 当云或雾滴非常微小时，它们会散射一切波长的光，从而产生白色的雾虹（克劳迪娅·欣茨）

水滴效应

- 彩虹
- 雾虹
- 露虹
- 宝光
- 露面宝光
- 冕现象
- 虹彩

其中的最后两项，即虹彩和冕现象可见于远离太阳的方向（或者，在某些情况下为远离月亮的方向）。

彩虹

彩虹对大家来说都很熟悉，当然，大多数彩虹常见于雨和阳光同时出现的阵雨天。（月亮也会产生类似的虹，但其光线比太阳弱得多，因而几乎无法看见这种虹的色彩。）它最常见的形式是集中出现在对日点上的主虹，相对于观测者的头部（或摄像机）来说，这一对日点位于太阳正对面的天空处，外面的是红弧（半径为42°），里面的是紫边（半径为40°）。雨滴背面发生反射，从而出现了彩虹，每个雨滴内发生折射（色散），从而形成了彩虹的色彩。当然，人们经常只能看见彩虹的一部分，因为部分天空并未降雨，亦或是介于中间的云层阻止了阳光洒落于雨滴。

副虹相当常见。它们也集中出现在对日点上，但它的颜色顺序是颠倒的（里面是红色，半径为52°，外面是紫色，半径为54°）。每个雨滴通过其内部的两种反射产生了副虹。主虹与副虹间的区域看上去明显比周围的天空更加暗沉。这一区域被称为"亚历山大的黑带"，在其内部，阳光实际上被反射到远离观测者的地方，因而形成。

太阳在天空的位置越高，彩虹的顶部就越低。当与太阳的半径大于42°或54°时，无法看见主虹与副虹。相反，当日出日落时分的太阳位于地平线上时，彩虹会呈现出完美的半圆形。在这种情况下，通常只能看到彩虹的红色，其他颜色已经被大气分散了。在适当条件下，有时可以从飞机上看见结构和色彩完整的圆形彩虹。

在主虹内偶尔可以看见淡色的色带。它们被称为附属虹（或干扰虹），是由光通过略微不同的路径穿过雨滴而形成。肉眼看上去，它们通常呈紫色和浅绿色。

倘若在观测者后方有个反射面（如同一个宁静的湖泊，亦或是温室的一大片玻璃），那么就有可能出现附属虹。反射光会产生附属的主虹或副虹，但它们会集中于天空的较高点处。

大雨滴会产生更为鲜艳的彩虹，其中红色可能格外引人注目。小雨滴所产生的彩虹，其红色不太突出，且附属虹之间的间距会变大。微小雨滴所产生的彩虹完全没有颜色，它会变成一条白色的弧线，我们称之为雾虹，它的出现还伴随着一道白色的附属虹。

露虹

露虹有时会出现在表面覆着露水的草叶上。它们与彩虹的形成过程完全相同，但由于露滴位于水

上图　秋天清晨挂在蜘蛛网上的露滴所形成的部分露虹（作者）

平地面，而不是像雨滴一样会穿过大气垂直降落，因而露虹呈椭圆或双曲线状，通常只能看见它的一部分（并非一道完整的弧线）。露虹往往在秋天尤为明显，露滴会挂在叶片间横向延伸的蜘蛛网上。

宝光

宝光是一系列围绕着对日点的彩色环。宝光最常见于薄雾、晨雾或云层后，它会围绕着观测者头部的影子。观测者只能看见自己头部的影子围绕着光环，而看不见周围其他人的光环。这些光环与日冕环非常相似，里面是紫色，外面是红色。可能会

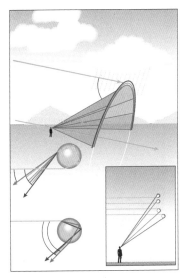

左图　彩虹总是出现在与太阳相对的天空另一边。雨滴内的单次反射（a）产生了内虹（主虹），两次反射（b）产生了外虹（副虹），其色彩顺序是相反的，它们出现在天空的不同位置（c）（伊恩·穆尔斯）

左图　山间薄雾里的闪耀宝光环绕着观测者头部的影子（克劳迪娅·欣茨）

右图 覆着露水的草叶上呈现出观测者头部（与相机）的影子，其周围环绕了一圈白色的露面宝光（史蒂夫·埃德贝格）

出现多个光环，这些彩色光环的半径与水滴的大小成反比：水滴越小，光环的半径越大。如今，通常可以从飞机上看见宝光。如果飞机飞近云层，那么在宝光的中心就可以看见飞机的影子。

佛光（又称"布罗肯幽灵"，Brocken Spectre）有时与宝光同时出现，它是观测者投射在薄雾、晨雾或云层里显著放大的影子。它实际上是一种视错觉，与隧道视错觉相关，当附近的物体（如岩石）投射下的阴影线条，通过一定的视角看上去融合到一起时，这种视错觉尤为强烈。观测者的影子显然比原本

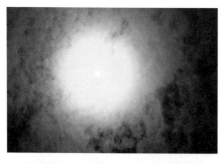

右图 薄薄的水滴高积云里的日冕内环（作者）

右图 日冕外环的色彩浓烈，它们的形状受所在云层的结构影响而略有扭曲（作者）

预计的更为遥远（因此看上去更大了）。

露面宝光

露面宝光（德语称之为"圣光"）是一种明亮的无色光晕，它围绕着观测者头部的地面阴影（即围绕着对日点）。当阳光洒落在覆着露水的草叶上，会产生最强烈的露面宝光现象。水珠和草叶充当了反射器的作用，它们将阳光返射回去。明亮的月光下也可以看到同样的无色光晕。

有一个被空中摄影师称为"热点"的类似现象，尽管它不是由水滴所形成。从飞机上常常可以看见这一现象，有个明亮的光点似乎在对日点的地面上滑过。观测者在地面可能也会看见相同的现象，在有草叶这样的粗糙表面上，在观测者头部的影子周围会有一片亮光。出现这一现象仅仅是因为，观测者正位于太阳下方，其可见的任何表面都是光亮的，而草叶本身则隐藏了它们的影子。进一步远离太阳正下方的方向，影子开始变得清晰，因而周围的区域就会显得较为暗沉。

冕现象

太阳或月亮周围出现的一种或多种彩色圆环就是冕现象。月亮周围的月冕更为常见，因为较强的阳光往往会让人难以看清太阳周围的光学现象。水滴在薄薄的层状云内通过衍射产生冕现象。完整的冕包含一个内光环（一种褐红色外缘的蓝白圆盘）和一组（或多组）外彩环，其中里面是紫色，外面是红色。大小相同的水滴会产生色彩最淡的圆环，而大小不一的水滴通常会形成色彩

各异的可见内环。冕的半径与水滴的大小成反比。很多情况下，由于云层支离破碎，而非完整平坦，因而只能看见部分冕。即便如此，可见的部分仍然亮得惊人，并具有鲜艳的颜色。

虹彩

虹彩（iridescence）也被称为"虹色效果"（源于拉丁语的"彩虹女神"或"彩虹"），它和冕现象的形成原理相同（即水滴产生的光衍射）。色彩鲜艳的光带似乎往往与云的边缘平行，它与太阳的半径约为30°到35°。虽然有时会出现黄色和蓝色，但是浅红色和淡绿色是最常见的颜色。当云滴的大小基本一致时，虹彩会出现最淡和最浓的颜色。虹彩和光圈一样，与它们相关的云都是由水滴组成，而非冰晶。因此，这两种现象最常见于卷积云、卷层云、高积云，偶尔也会出现在高层云里。珍珠云引人注目的色彩就是源于虹彩。

冰晶效应

- 22°光晕
- 幻日
- 46°光晕
- 环天顶弧
- 幻日环
- 日柱
- 日下晕

以上这些现象，是按照它们出现频率的大致顺序进行罗列的。

22°光晕

最常见的冰晶效应要数22°光晕。

左图 高层云边缘的虹彩
（作者）

正如其名，它是个绕着太阳（或月亮）半径为22°的圆环。它经常出现在卷积云的薄层里，该云层覆盖住了即将来临的暖锋前方的天空，在温带地区，22°光晕每三天出现一次。虽然它通常看上去是白色，但有时它也会出现微微的淡色调，其内缘为红色，外缘为紫色。

幻日

和22°光晕一样频繁出现的还有幻日，它也被称为"假日"。它通常与22°光晕同时出现，它是一些离太阳距离与光晕几乎一样的亮点。事实上，幻日的

左图 卷层云里的耀眼光晕，呈现了位于太阳两侧的22°光晕、一部分46°光晕和幻日，还有与22°光晕接触的上弧和环天顶弧
（戴夫·加文，Dave Gavine）

左图 一片卷云里的亮彩色幻日，有时可以看见它距离太阳较远的明亮"尾巴"
（作者）

上图　见于钩卷云和薄纱卷层云里的环天顶弧
（作者）

确切位置取决于太阳的高度，所以跟22°光晕相比，它有时距离太阳更远。除此之外，幻日经常呈现出远离太阳的亮白"尾巴"。当明亮的幻日呈现出完整的光谱颜色时可能极为壮观，尤其当它们不与22°光晕一起，而是单独出现在一片触须状的云里时，情景更是如此。月光里也会出现类似的现象，这样的光点被称为"幻月"（或"假月"）。由于月光比日光微弱得多，因此几乎看不见幻月的颜色，但幻月会出现在与幻日同一类型的云里。

46°光晕

太阳周围还会出现另一个晕环，其角半径为46°。

它也会呈现出微晕的颜色，里面是红色，外面是紫色。通常只有在卷层云里才可以看见它，其光线弱于22°光晕，因此它几乎不会出现在孤立的触须状云层里。

环天顶弧

环天顶弧是最明亮的光晕现象之一。它通常是由一条长度约为120°的弧线组成，它集中于天顶，即聚集于观测者头顶正上方的那一点，它通常与天顶和太阳的连线相对称。它呈现了鲜艳的光谱颜色，但遗憾的是，它经常被媒体形容成"颠倒的彩虹"。当然，这是完全错误的描述，因为它是由光通过冰晶所产生的，而并非雨滴。

幻日环

（尤其）当太阳与扩散的卷层云在一起时，可能会出现另一个现象。那就是幻日环，它是一道延伸至天空周围的明亮弧线，与太阳位于同一高度上，因而它与地平线平行。一条完整的360°弧线并不常见，它的出现取决于观测者周围的冰晶，但短弧线的出现比较频繁。

日柱

日柱是一种较为常见的现象。当冰晶以平板

右图　位于落日上方扩散的条纹状卷云里的日柱
（作者）

状态几乎水平漂浮于空中时，就会出现日柱。平板面反射了阳光，在太阳上部（和下部）位置产生了一条垂直的光线。

日下晕

当观测者位于一个相对较高的位置时（如在山上或飞机上），有时就可以看到日下晕（也称为"下幻日"）。当太阳位于地平线上方时，它是一个出现在地平线以下同一距离的椭圆片（与长轴垂直）。和日柱一样，来自冰的六角平板水平面的光发生反射，从而产生了日下晕。在极少数情况下，彩色的日下晕（或下幻日）可能出现在约22°日下晕的两侧，相对于真正的太阳而言，它与幻日的出现位置几乎一模一样。

其他光晕现象

当天空出现冰晶时，会产生许多其他的光晕现象，此处无法对它们一一进行具体描述。这些光晕可能会以部分彩色弧线和"锯齿状"的形式出现，其中有一些会触及22°或46°光晕的顶部；白色弧线会接触到普通圆形光晕的不同部分，或与幻日环交叉，在穿过它的地方会产生光的亮点。其中最引人注目的一个现象便是环地平弧。它是最鲜艳最多彩的光晕现象，有时会呈现出壮丽的

上图　明亮的日下晕，该图于飞机穿过薄薄卷层云时所拍摄
（作者）

色彩。只有当太阳高度角大于58°时，它才会与地平线平行，因此在低纬度地区最容易看到它。倘若在它位于46°光晕下方时仍可得见，那么当太阳高度为68°时，它会与太阳相切。其他现象包括：

■ 具有不寻常角半径的光晕：据报道，出现过半径为9°、18°、20°和35°的圆弧。

左图　耀眼的日下晕和部分22°光晕，该图在高处有利位置拍摄，因而冰晶位于观测者下方
（克劳迪娅·欣茨）

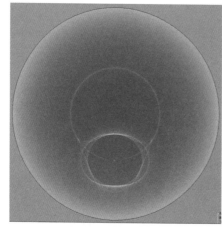

右图　使用光晕模拟项目制作的模拟图，显示的是1790年出现在圣彼得堡上空的著名光晕景象，托拜厄斯·洛维茨（Tobias Lowitz）目睹了这一景象，并对它进行了描述（作者）

右图　夕阳会出现许多不同的形状。这种形状通常被称为"花瓶"。地平线底部经常会扩大成为 Ω 形状（玛丽亚·津科娃，Maria Zinkova）

下图　太平洋上空落日下的绿色闪光。虽然这片区域太小，难以用肉眼进行分辨，但是这幅放大的图片显示了实景中出现的淡黄色和浅蓝色（维基媒体）

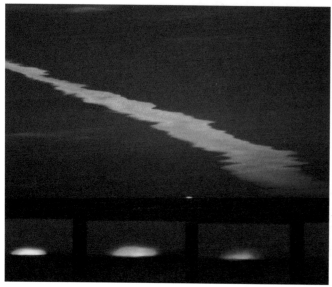

■ 巴莱弧：22°光晕上方和下方的明亮弧线，其形状多变。

■ 洛维兹弧：源于22°光晕的弧线，它位于幻日环下方，会往上延伸至幻日的高度，并随着太阳高度角的变化而变化。

■ 太阳上侧弧和外（下）侧晕弧：46°光晕上下两侧的弧线，它也会随着太阳高度角的变化而变化。

■ 反假日：对日点（即与太阳正相对的点）上的亮点。

■ 20°幻日：幻日圈上的亮点，与太阳呈120°角。

■ 反日柱：集中于反日点（或对日点）的垂直柱。

当空气中充满名为"钻石尘"的微小冰晶时，会出现许多格外强烈的光晕现象。这一现象在南北极尤为普遍，在南极工作的科学家发现了许多不同寻常的罕见弧线形式。

由于冰晶两面之间的角度是固定的，因而可以用计算机模拟各种各样的光晕现象。其中有幅模拟图像正好显示了1790年圣彼得堡上空出现的著名光晕现象。

折射与蜃景

大气中一直存在着折射现象，光线所穿过空气的密度决定了光线的不同倾斜程度。在正常情况下，该密度朝地面方向递增，但效果并不太明显。当日轮在日出日落时分看上去触及到海平线时，实际上整个日轮已经位于地平线以下了，是大气折射将其"搬进"几何地平线之上，使之进入我们的视野。日轮经常看上去略扁，这是由于源自日轮下部边缘的光比起上部边缘的光穿过的空气更为密集，光线的倾斜程度更大。月亮也会出现同样的现象。日轮或月轮经常会被扭曲成奇怪的形状，这是由于源自日轮或月轮不同部分的光穿过不同密度的大气层，从而产生不同程度的折射。（短暂的）幻影现象也会使日轮或月轮发生奇怪的扭曲，包括被称为"Ω太阳"的景象，这个倒置的形状既像花瓶，又像希腊字母Ω。

绿色闪光也是一种折射现象，夕阳的最后一部分呈现出明亮的翠绿色。日出时也会出现类似的现象。偶尔可以看见更大的一片绿色，在极其罕见的情况下，太阳的顶部会呈现出明亮的蓝色。

当大气的密度梯度不同寻常时，就会出现蜃景，它是由温度或湿度的变化所产生。密度的变化引起了微分折射，从而影响了远处物体的位置或外观。在真实的蜃景里，这些物体可能变得扭曲，或是颠倒过来，同时还会出现额外的景象。

真正的蜃景有两种基本形式：下蜃景和上蜃景。下蜃景是指某一物体透过均匀的大气看上去比它本身更"低"的现象，而上蜃景则是指看上去更"高"的现象。最常见的蜃景是下蜃景，那里的水看上去似乎位于炙热的路面上。"水池"实际上是天空的景象，道路上空炎热低密度的空气令光线发生了大幅度的弯曲。任何受热表面都会出现同样的现象，例如沙漠，在一定条件下，可以看见远处物体倒置的景象（如车辆或树木）。

在上蜃景里，冷空气层上方会产生一个强烈的逆温层。这种情况经常发生在炎热天气里的海洋上空，或是保留了冬季低温水的春季。它们也会出现在一大片冰面的上空。远处的物体看起来像漂浮在空中，它们往往会呈现出倒置的方式，常常可以看见多个景象。在一个名为海市蜃楼的特殊景观里，远处的物体都被大幅度地拉长了，它会呈现出远处的悬崖峭壁、高楼大厦或是整个城市。这通常是海面或冰川高度扭曲的景象。

在其他一些景象中，有些远处物体的可见度受到影响，也有些物体看上去被拉长或压缩，这些都

上图　下蜃景，显示的是看上去受到了水池反射的水箱倒影。该图拍摄于加州爱德华兹空军基地的爱德华兹干湖（Edwards Dry Lake）灼热区域的上空
（史蒂夫·埃德贝格）

与蜃景有关。倘若有多层不同密度的空气，且它们的密度变化速度也各不相同，那么这些景象中的任何一种（或几种）都可能会同时出现上蜃景或下蜃景。这会使远处物体的景像高度复杂化。

■ 上现蜃景：物体上升至通常所处位置以上，因此它在距离上比平时看起来更远（随着高度的上升，空气密度异常地迅速下降）。

■ 下沉蜃景：物体下沉至通常所处位置以下，因此平时可见的物体部分或整体，此时已无法得见（随着高度的上升，空气密度比平时下降得更为缓慢，甚至出现上升情况）。

■ 光折蜃景：物体被垂直压缩（离地面最近的大气层比平时的气温更高，密度更低）。

■ 高耸蜃景：物体被垂直拉长（随着高度的上升，空气密度比平时下降得更为迅速）。

下图　旧金山雷斯角的上蜃景，当时那里出现了逆温现象
（维基共享媒体）

133

左图 高卷云中的波浪，部分被与弱锋面系统有关的较低的高层云和更低的层云所掩盖。

（作者）

第十三章

气象观测

通过数十年的气象观测（在某些情况下，还要辅以实际的实验操作），人们才掌握了各种天气现象的不同成因。当然，气象观测的重点是天气预测，它主要由三个阶段组成：观察实际的天气状况，分析所观察到的现象来确定大气随时的状态，最后进行天气预测。

气象观测是一个全球性的活动。正如我们前文所提到的那样，西欧气象学家为一份提前24小时的天气预报作出充分准备需要掌握大西洋彼岸的天气信息，并提前三天获取全球大气状况的具体细节，其中也包括南半球的天气情况。

在世界范围内，各个国家机构制定的常规测量方式，涵盖了世界气象组织（WMO）通过国际协议所设立的一套观测标准，其中世界气象组织是联合国的专门机构，其总部位于日内瓦。该组织的成员国可以自由获取世界范围内的气象数据。整个系统被称为世界天气监测网（WWW），它由三个主要的子系统构成：

- **全球观测系统** 全球的观测方式具有一定的标准化形式，尽管它们可能来自许多不同的观测站点，包括陆地上的人员或自动站点、船舶、漂流或锚定的海洋浮标、飞机、无线电探空仪、同步卫星和极地轨道卫星。
- **全球数据处理系统** 气象观测数据的接收、处理、存储和检索的标准化程序。
- **全球通信系统** 快速收集、传输和发布全球气象数据的物理通信网络。

虽然普遍引入自动气象站（AWS）意味着人们在选择观测频率时有相当大的自由，但是世界气象组织的指导方针规定，某些重点的观测应根据协调世界时（UTC），按小时进行同步操作。（这一时间机制与各种国家标准组织制定的高度精确原子钟进行了相互比对）。协调世界时对应的是格林尼治子午线上的时间，它不会改用夏令时。在气象实践中，集中于格林尼治子午线上的标准指定时区为祖鲁（Zulu）时间，缩写形式是Z，例如，实际的观测中经常会引用到"00:00Z"这样的形式。

地面观测

通常有观测员进行小时报道的气象站包括下列这些地面观测项目：

- 干球温度
- 露点温度
- 平均气压（调整到海平面）
- 气压趋势（最后3小时的变化）
- 总云量

- 云层类型和底部高度
- 当前天气
- 过去天气
- 风向
- 风速
- 最大的阵风速率
- 水平能见度

　　获取这些观测结果的方法，以及典型天气图表中的数据绘制方式将在后文展开描述。

　　许多气象站会报告其他的观测项目，尤其是降水量（通常以12小时或24小时的总量为参照）和日照量（往往以每日、每周或每月的总量为依据）等方面。气候站通常也会进行某些特定项目的每月报道。有观测员操作的气象站会报道许多其他的观测项目，如降雪深度、土壤温度、蒸发率等。目前某些观测项目无法在自动站里进行观测，所以它们通常省略了云层类型和水平能见度的细节报道。从仪器显示的适当数据里，可以自动获取当前和过去天气状况的合理准确估计。

　　观测频率很大程度上取决于观测站的类型。大多数民用机场和军事机场每小时都会准点进行气象观测。其他的气象站可能每3小时、6小时或12小时进行一次观测。然而，至关重要的一点是，不管气象站的位置在哪，气象观测都会在协调世界时的0点和12点进行。在这两个时间点内进行气象观测所获取的信息会在世界范围内传播，并作为各种数值预报程序的主要输入数据。每小时大约有1万条观测结果通过全球通信系统发布到世界各地的气象局。

　　获取气象数据的电子手段正处于飞速发展中，这意味着在荒凉或相对闭塞地区（比如山顶、南极洲等），自动气象站（包括锚定在太平洋中用来监测气候状况的海洋浮标）会将观测信息进行及时的反馈。一些格外偏远的气象站，通过轨道卫星的信息转送将观测结果传输回来。其中包括数以百计的自由浮标，它们在程序的设定下下沉到

天气图表

"天气"这个词广泛应用于气象学中，它意味着同步获取数据，从而代表了适用于特定时间特定区域的气象状况。典型的天气图表是那些显示了一段标准观测时期的站点图，或是那些显示了气压分布和锋面系统的分析图表。前文（P26—P31）提到显示了厚度水平的等压线图也是一种天气图表。

上图　设立于罗瑟拉（Rothera）英国南极基地附近的自动气象站
（BAS）

上图　一个典型的深水锚定气象浮标
（作者）

一个特定的深度，时不时会回到海面上播报观测数据，如温度、盐度和它们的位置，然后又自动下沉回到它们预先设定的深度。

上图　澳大利亚北部达尔文附近的贝里墨（Berrimah）气象站，它是典型的气象雷达站
（维基百科）

对流层的观测

气象雷达

雷达系统广泛应用于降雨监测、降雨量及其运动方向的评估。降雨的运动方向通常取决于多普勒脉冲雷达，通过多普勒频移（Doppler shift）里雨滴反馈的雷达回波，它能够确定降雨的运动方向是朝向雷达还是远离雷达。典型的气象雷达会显示出半径约150公里范围内的降水类型。这样的雷达是一种极具价值的降雨图绘制工具。这是

上图　一台（瑞典安装的）风廓线仪，它用脉冲声波（声雷达）来判定不同海拔的风的特性
（维基百科）

因为，当与本质上随机分布于地面的降雨计量表所获取的"点式"数据相比时，雷达的覆盖面十分宽广。然而，在降水出现时，雷达无法确定降水量，该降水量并非降落到地面的实际雨量。当然，部分原因是由于地面物体的干扰（地面反射波），如丘陵或建筑物影响了最低海拔处的雷达波束。然而，降水雷达基本上会提供即时预报信息，根据所获取的图像本身来看，降水量大的区域显得十分明显，但雨量计网络可能会完全忽略这些区域。所获取的数据可能也会用于确定某一特定时期内（通常是24小时）的总降水量。例如，整个英国覆盖有12个降雨雷达系统网络。

天电

根据传统的测向技术或无线电波到达接收站点的时间差异来判定，距离较远处可能很容易检测到闪电冲击（"大气干扰"或"天电"）所产生的无线电波。白天，在约为5 000 km的范围内会探测到雷暴；晚上，由于不同的传输特性和向东转移的信号，夜晚向西运行的风暴会在一个10 000 km的更大范围内出现。个别闪电冲击的位置可以用于追踪源雷暴的运动，这些信息（特别是源于当地风暴的信息）经常用于即时预报。

风廓线仪

在对流层里，风廓线仪可以测量不同海拔的风速和风向，这一设备使用雷达或声波来探测位于其上空的垂直大气。根据对流层顶（它可能位于海平面上方8 ～ 17 km，具体海拔取决于纬度）每1 km间隔的测量来获取数据。在高海拔地区，没有充足的水蒸气来提供够强的回波信号。回波信号里的多普勒频移经过信息处理，能够获取某个特定海拔的风速和风向。覆盖全美的新一代气象雷达（NEXRAD）系统能够追踪剧烈的风暴，以及预测可能形成的龙卷风、微爆流和类似的毁灭性气象灾害。在美国的许多机场里，已经安装

上图　机场上空的微爆流的效果图，尤其在飞机着陆时，它引发的剧烈风切变对飞机造成了重大的危险
（NASA）

了更为精密的（铅笔波束天线）多普勒雷达设备（终端多普勒天气雷达——机场多普勒天气雷达）系统，用于检测强烈倒灌风（名为下爆流或微爆流），以及由剧烈雷暴和超级单体引发的顺向风切变，它们对飞机的起飞或着陆具有特殊危险性。

高空观测

尽管有些观测信息由商业航班报告，但是最重要的数据仍是由名为无线电探空仪的球载仪器组反馈的，该仪器通常上升至海拔约21 km处（约70 000 ft处），约为普通航班飞行高度的两倍多。无线电探空仪通常在上升途中测量气压、气温和湿度，通过大气层产生垂直廓线，从而可以即时提供像环境直减率这样的信息。最新型的无线电探空仪具有全球定位系统接收器，因而可以准确获知它所在位置的三维（即海拔、纬度和经度）。风速和风向的信息也可以从中轻松获取。有些探测仪只能用来获取风速和风向的信息。还有一些其

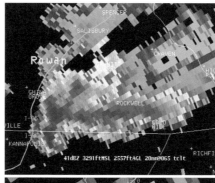

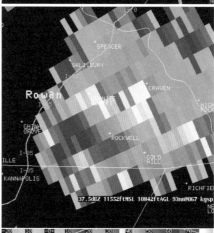

左图　机场多普勒天气雷达（上）与下一代气象雷达（下）所反馈的雷达影像对比图。虽然机场多普勒天气雷达影像图的分辨率更高，但是图中的黑色区域显示，此处介入的强降水阻挡了短波长雷达
（维基百科）

下图　夏威夷大岛的希洛机场里即将发射的无线电探空仪
（NOAA）

右图 配备有现代全球定位系统的无线电探空仪仪器组,它即将发射升空(维基百科)

他的探测仪可以判定宇宙射线的存在或不同海拔的臭氧浓度(臭氧探测仪)。

全世界有800多个无线电探空仪发射点。其中大多数是在陆地上,但有一些自动发射装置附在改装的船运集装箱

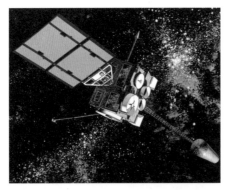

右图 轨道内的大地测量卫星8号(GEOS-8)的效果图。所有的大地测量卫星都具有相似的设计。在卫星内部就能执行光学图像扫描(NOAA)

右图 轨道内的第二代气象同步卫星的效果图。卫星在旋转运行过程中进行自东向西的扫描(欧洲气象卫星组织)

内,并由航海船只进行搭载。无线电探空仪的发射升空时间一直设定在协调世界时的0点和12点,即世界气象组织推荐的观测时间,某些站点还会额外将时间设定于协调世界时的18点和6点。无线电探空仪通常在名义观测时间的前45分钟内发射升空,从而可以在至关重要的时间内获得垂直廓线。

气象卫星

气象卫星数据已经成为天气预报准备活动中不可或缺的部分。气象卫星有两种不同的类型:极地轨道卫星和地球同步卫星。

地球同步卫星

地球同步气象卫星在赤道上空35 900 km的海拔处绕着地球轨道运行。在这一海拔高度上,它们的轨道运行周期为24小时,所以它们在赤道某个点的上空基本保持静止不变的状态。(由于地球引力场的无规律性,卫星往往会漂离其原来的位置,所以使用推进器来保持正确的定位。一般情况下,它们的使用寿命会随着燃料的耗尽而终结。)在它们的位置上,地球的曲率意味着每个地球同步卫星只能观测到约120°的视野范围,而非完整的180°范围。然而,有一系列卫星位于完整覆盖赤道的地球同步轨道里。此外,这种对赤道周边的完整覆盖基本上是持续不断的。例如,最新的第二代欧洲气象卫星每15分钟便会反馈一幅全景图像。早期的卫星扫描仪器只覆盖三种通道:可见物、红外线和水蒸气。最新的仪器则可以以更高的分

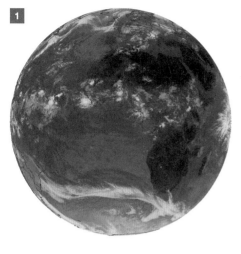

1. 气象卫星9号（Meteosat-9）所获取的红外线单通道图像，在同日的1小时后，该卫星还获取了可见光和水蒸气图像。颜色最深的区域（如撒哈拉和阿拉伯沙漠）最为炎热，而颜色最浅的区域（云层顶端）最为寒冷
（欧洲气象卫星组织）

2. 气象卫星拍摄的全景单通道图像，它特意选择了一个人类肉眼可见的光谱通道
（欧洲气象卫星组织）

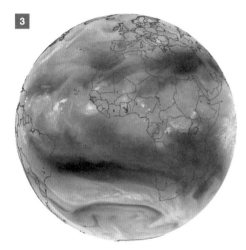

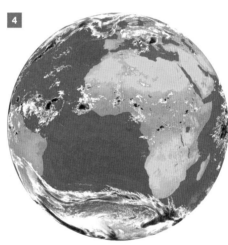

3. 某通道内的气象卫星图像，它对大气中水蒸气的分布状态进行了最佳呈现
（欧洲气象卫星组织）

4. 源自气象卫星9号的假彩色红外线图像，经过处理后，该图最炎热的区域呈现出黄色，最寒冷的区域表现为黑色
（欧洲气象卫星组织）

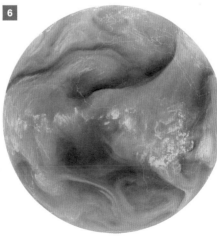

5. 气象卫星图像，经过多通道的处理，呈现出了人类肉眼可辨的假彩色图像
（欧洲气象卫星组织）

6. 2004年3月6日的旧图像，经过处理后，它凸显了当时大气中水蒸气的分布状况，其中深色区域最为干燥
（欧洲气象卫星组织）

辨率对 12 个光谱通道进行监测。

在任一通道内，反馈的图像实际上是单色。然而，源自一个或多个通道的数值数据可能会被操控，例如，它可以用来制造凸显云顶或地面温差的假彩色图片。以类似方法加以处理的自然色彩全景图像，会呈现出人类肉眼可见的相近色彩。

极地轨道卫星

受地球曲率的影响，赤道上空的地球同步卫星无法提供南北半球高纬度区域的详细信息。现代仪器所具有的高分辨率意味着充分获取南北纬高达 55° 区域的细节图像信息成为可能，但它仍然无法覆盖极地地区。

除此之外，极地轨道卫星还可以覆盖到其他区域。它们被发射进入高度倾斜的轨道内，并被带进极地区域上空，同时它们还位于比地球同步卫星低得多的海拔——通常只有 800 ～ 1 000 km 的高度。它们持续运转，因而能不停地覆盖地球大片区域。轨道是既定的，这样一来，每颗卫星经过所覆盖的地表区域会与前一颗卫星相同。该轨道与太阳同步，这意味着卫星会在每日的同一时刻经过地表同一位置，因而它在运行过程中可以提供类似的照明条件。此外，每颗卫星在一天内会经过某个特定位置两次，一次是自北向南经过，另一次是自南向北。

由于极地轨道卫星处于较低的轨道高度（因而对地表具有良好的分辨率），并且它们持续覆盖整个地球表面——包括地表观测较为稀少的海洋区域，因此这些极地轨道卫星非常适合监控气象状况。事实上，第一颗气象卫星就是极地轨道卫星，尽管以现代标准来看，早期的图像的确极为粗糙。

运行历史最为悠久的极地轨道气象卫星是雨云（Nimbus）系列卫星，通常称之为国家海洋与大气管理卫星，它由美国国家海洋与大气管理局进行管理。其他卫星则由俄罗斯、中国和欧洲气象卫星组织进行管理运营。当这些卫星覆盖到它们下方的大片地面区域时，有许多卫星会进行持续不断的播报。这些模拟图像以 137 兆赫兹的传输频率进行自动图像传输，业余爱好者使用简单的接收器和天线就能轻易获取这些图像。

然而，最新的极地轨道卫星，即国家海洋与大气管理局极轨运行环境卫星（POES）和最近的欧洲气象业务卫星

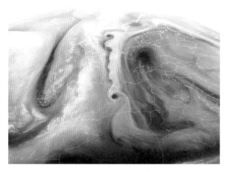

右图 部分气象卫星图像（5 号通道），显示了水蒸气沿着冷锋分布的显著细节，该冷锋于 2006 年 1 月 15 日从芬兰一直延伸到地中海的巴利阿里群岛（Balearic Islands）以及更远处（欧洲气象卫星组织）

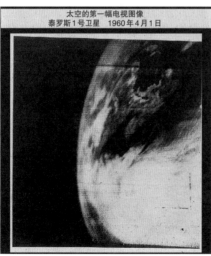

右图 历史上第一幅气象卫星图像，该图传输于泰罗斯 1 号（TIROS-1，电视和红外辐射观测卫星）发射当日，即 1960 年 4 月 1 日（NOAA）

（MetOp），它们具有更高的频率，并以数字形式进行播报，需要更为精密的接收设备和处理软件。此外，它与自动图像传输接收器的简单静态天线不同，在追踪每个经过头顶上空的卫星时，需要使用电脑控制的接收天线。美国气象业余爱好者会更频繁地使用到这种天线，因为欧洲业余爱好者能够从欧洲气象卫星组织获取欧洲气象卫星数据广播局的一次性许可证。（针对地球同步卫星的）固定天线使他们既能获取经过处理的气象卫星图像，也能捕获其他地球同步卫星图像，以及通过卫星转播的国家海洋与大气管理局和气象业务极地轨道卫星图像。

　　气象业务卫星和国家海洋与大气管理局卫星共同配备了一套提供连续数据的仪器。气象业务卫星使用精密仪器对大气温度和湿度进行高精确度测量，以及获取各种微量气体（包括臭氧）的分布图。它也可以确定海洋的风速和风向。与许多现代卫星一样，这两组卫星配备了额外的设备，用来协助船只和飞机的紧急信号探测（触发搜救任务）。同时，它们作为数据中继系统，对源自海洋浮标和远程自动气象站的数据进行传输。

观测仪器

尽管人们如今采用电子手段进行诸多地面气象的观测，但仍存在着许多配有传统仪器的观测站，其中的观测员会定期读取仪器数据。无论是人工观测站还是自动观测站，它们都需要进行精心的布局，以确保仪器的正确摆放，从而反馈一致的结果。例

上图 轨道内一颗欧洲气象业务卫星的效果图（欧洲气象卫星组织）

左图 皇家植物园这个历史遗址里的小型自动气象站。参数记录器（在白盒里）所收集的数据源自太阳能杆柱上的各种仪器，这些数据会与背景中百叶箱内的设备测量的数据进行比对。还要注意的是，这里使用了两种形式的雨量测量器（戴维·霍古德，David Hawgood）

左图 英国气象局的气象站（艾伦岛上的埃伦港）。需要注意的是，风速计和风标安装在 10 m 高的杆柱上（英国气象局）

上图　一个设备十分精良的气象站。表面湍流和砖柱引发的旋涡会影响到风速计和风标

（戴夫·加文）

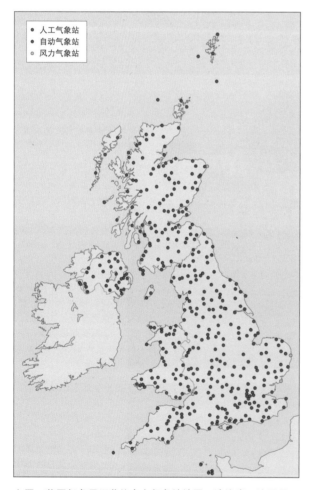

- ● 人工气象站
- ● 自动气象站
- ○ 风力气象站

上图　英国气象局运营的官方气象站地图。请注意，这里显示了3种类型的气象站：人工气象站、自动气象站和风力气象站。这张地图的交互式版本可见于网站：http://www.metoffice.gov.uk/public/weather/climate-network/

如，在摆放温度计时要确保温度计能够接触到自由流动的空气，这一点虽然相对简单，但同时还要使用百叶箱（又名史蒂文森百叶箱）使之免受太阳辐射，其他仪器的摆放位置同样也需要进行诸多考量。理想情况下，风速计和风标（用于测量风速和风向）应置于10 m高的杆柱上，这样一来，它们就会位于地面边界层及其相应湍流的上方。除此之外，它们的摆放位置还要远离任何建筑物或树木，因为这些物体会引发湍流，或扰乱空气的自由流动。（在许多官方维护的自动气象站和海洋浮标里，将仪器置于这样的高度有点不切实际，因而所有测量都会运用仔细的计算进行适当的相抵。）阳光记录仪需要进行合适的摆放，使之能在全年任何时候清楚看到从日出到日落的地平线，这样它们才能获取具有价值的记录结果。雨量测量器的摆放位置很难确定。那些位于地面的雨量测量器，在高度暴晒与有风的坏境中需要采取特殊的保护措施，同时为了防止地面的溅水进入收集漏斗，通常还需要采取一定的防范措施。

许多国家都覆盖有密集的气象站点网络。其中一些气象站点是专供观测预报之用，而其他许多站点所获取的数据则供气候研究之用。一些官方气象站点只提供风力和风向信息。此外，除了官方气象局以外，还有许多组织出于特定目的而运营一些自动气象站。对大家来说，比较熟悉的就是公路部门用来监控道路状况的路边站，但农业和园艺院校、水力和电力部门、风电场和其他组织都会采用其他类似的站点。在某些情况下，这些附属站点的信息可用来对官方气象组织收集的气象数据进行补充。业余爱好者如今可以接触到各种形式的自动气象站，全球范围内已安装了众多气象站点系统。其中许多都有助于官方和非官方网络站点的气象观测，从而拓展了主流观测条件的覆盖面。

天气预报的关键观测

判定即将出现的天气状况（即天气预报），所需的最重要参考因素如下：

- 气压（升降和变化率）
- 气温
- 空气湿度
- 空气运动（方向和强度）

虽然气象站和气候站会进行许多其他的观测，但是它们所使用的工具和方式太过宽泛，在此不作探讨。尽管如此，但是对这些重要参数的测量方式所进行的简要描述看上去合情合理。

气压

17世纪，伽利略的学生伊万格丽斯塔·托里拆利（Evangelista Torricelli）发明了最早的气压计。气压计最初的设计形式为倒置于水银盆里的一根注满水银且一端封闭的细管。在封闭端留下真空的水银柱在管道里一直下降，直到外部气压平衡了水银柱的重量才停止下来。气压最古老的现存记录，是由文森佐·维维亚尼（Vincenzo Viviani，伽利略的的另一个学生，他编辑了伽利略的文集）和阿方索·伯雷利（Alfonso Borelli）于1657年11月至1658年5月间所获取。

尽管这些年来出现了许多奇特精美的设计形式，但它的基本形式至今仍广为使用，这是因为，虽然水银气压计很小巧，但是它们非常准确稳定。然而，出于对水银毒性的考虑，水银气压计和水银温度计正在被人们所淘汰。

左图　数值范围被扩大的专业气压计，它能显示出细微的气压波动
（加拿大气象局，Canadian Met. Service）

现代气压的测量单位（通常是hPa）以布莱兹·帕斯卡（Blaise Pascal）的名字命名，他首次确立了气压随着高度上升而递减的真理。

气压计内部最常见的传感元件是由无液压力传感器构成，它尤见于国产气压计。这是一个部分真空的金属囊舱，其囊壁能够防止内部弹簧引起的瓦崩。气压的变化引起了囊壁收缩，改变了它们的间距，相应的杠杆系统放大了这一运动，使之可以操控一个相应的压力计

右图　罗伯特·菲茨罗伊（Robert Fitzroy）设计的现代气压计，它包括温度计（右下角）和所谓的"晴雨表"（左下角），其中"晴雨表"里含有液体，它会随着天气的变化而改变外观（作者）

下图　无液气压计
（LACO Inc）

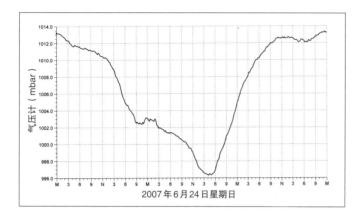

2007年6月24日星期日

上图　低压区的气压自记曲线。随着暖锋的临近，气压下降，在暖锋处，气压略有平稳，但气压随后继续下降，直到冷锋到来，它预示着气压将会迅速上升（作者）

（如常见的家用气压计），或使钢笔在纸海图上移动，以此来提供一个永久的气压变化记录（如自动记录式气压计）。几个囊舱可能会连在一起，从而将这一运动放大。在精密的自记气压计里，确切的运动量通过电触头而被感知。

电子压力传感器通过电子手段检测无液压力传感器的运动，产生适用于自动气象站和后续电脑处理的电流输出纪录。虽然这样的系统非常稳健，但它往往会受制于校准漂移，对于参考仪器而言，应该对其进行定期的重新校准，抑

右图　史蒂文森百叶箱的外部，它位于剑桥湾努勒维特的加拿大观测站。需要注意的是，风扇吸入了温度计和热敏电阻上的内部空气（剑桥湾气象站，Cambridge Bay Weather）

或条件合适时，由官方的气象监测站确定当地的整个（天气）压力场。（广播和电视天气预报偶尔会特别提到这种情况。）

气温

与气压计一样，气温监测仪最早也出现于17世纪早期。1607年，伽利略发明了一种名为验温器的设备，它能够通过透明管道内液体的膨胀和收缩显示出温度的变化。给这一设备添加了一组数值范围后，它就变成了一个真正的温度计。虽然早在约1612年，弗朗西斯科·萨格雷多（Francesco Sagredo，伽利略的密友）将早前的一组数值范围添加到了这一设备里，同样地，罗伯特·弗拉德（Robert Fludd）在1638年将另一组数值范围运用到了验温器中，但是第一个真正的可再生温度计是由丹麦天文学家奥勒·罗默（Ole Romer）所发明制造，但更令他声名大噪的是，他在1701年首次测定了光速。

虽然可再生温度计一经面世便广泛用于气象研究领域，但是由于它们与空气接触程度不同带来的差异，导致温度的相互对比，以及气温数据用于气象预报的准确读取，都在温度百叶箱被广泛应用后才成为可能，该百叶箱通常被称为史蒂文森百叶箱或其他类似名称。

在引进电子温度传感器之前，史蒂文森百叶箱通常具有四个温度计：

■ 干球温度计，用于测量周围的气温。
■ 湿球温度计，它依靠装着蒸馏水的容器润湿棉芯，从而使温度计的球保持湿润状态。水的蒸发令球冷却，所以湿球温度计所显示的温度通常会比干

左图　莫里自动气象站的史蒂文森百叶箱内部。人工读数的干湿球温度计位于前方左侧。电子读数的热敏电阻位于箱内后方。接近水平放置的温度计可测量每日的最高气温和最低气温
（剑桥湾气象站）

上图　现代史蒂文森百叶箱的内部，温度计都是吸气温度计（通过金属管道吸取百叶箱外部的空气）。湿球温度计（橘色）通过用水润湿的棉芯来保持湿润。干球温度计是黄色。黑线都连向热敏电阻
（剑桥湾气象站）

左图　具有干湿球温度计的旋转干湿表（又名旋转液体比重计）。湿球温度计（下）的蒸馏水储水盒可见于左侧
（布兰南公司，Brannan）

球温度计要低。这两种温度读数之间的差异可能会用于（和周围气压的信息一起）计算相对湿度。

■ 最高温度计，它具有一个指针，在温度计内部液体（通常是水银）的膨胀下，该指针会沿着温度计管道上升，它会一直停留在最高点，直到观测者对它进行重置。

■ 最低温度计，它的操作原理与最高温度计相似，它也有一个指针，随着温度计内部液体（通常是酒精）的收缩，该指针会沿着温度计管道下降，它会一直停留在最低点，直到对它进行重置。

史蒂文森百叶箱的尺寸通常较大，可以容纳额外的附属仪器，如气压计和湿度记录表（分别记录气压和湿度）。许多现代百叶箱包含干湿热敏电阻，其电阻会随着温度发生变化，从而产生一组可被合适的电子仪器记录的电流输出纪录。

空气湿度

正如刚才提到的那样，空气湿度可能通过名为湿度表的仪器，根据干球温度计和湿球温度计之间的读数差，以及周围的气压值来进行判定。

有一种名为旋转干湿表的设备，可用于手动测量，它的外形会让人联想到足球摇铃。它具有一个可容纳干球和湿球温度计的旋转轮外框。有关湿度的两个读数可能源于相应的表格。

空气运动（方向和强度）

正如我们所看到的那样，风是由气压差产生。如今，气象学家们用米每秒测量风速，尽管他们也常常会引用海里（用于海员），千米每小时或英里每小时（用于公众）这些单位。此外，海军少将蒲福（Beaufort）提出了13点量表（1806年，他首次将其投入使用，但直到1838年，这个量表才被英国海军部正式采用），最初它用于海上，现在常常被用来描述风力。蒲福风级的划分并不是依据风速，而是基于风对特定物体的影响力。最初，它的风级划分依据的是风对一艘典型护卫舰能承载的船帆的影响力（在那个年代，护卫舰是一种军舰的相对统一舰型，所有海军军官都在舰上服过役）。随后，尤其是在汽船被广泛应用后，这个风级量表经过调整将海洋情况考虑在内，迄今这一形式仍被使用。稍后，将会介绍另一种有关风

对陆地影响力的风级量表。

从别处我们可以了解到，用于量度龙卷风强度标准的藤田级数经历了类似的发展过程。最初，它以对龙卷风造成损害的评估作为基础，考虑到不同建筑物的建造强度和其他使用标准不一，因而这种参考标准并不可靠。目前，经过修订的级数量表（改进的藤田级数）的唯一参考依据是风速。

1946年，蒲福风级从13级扩展为17级，虽然西太平洋地区的气象局会在划分当地台风等级时偶

尔使用到它，但是这种分级并未投入广泛使用。尽管将持续风速超过33 m/s（64 kn、118 km/h、64 km/h）的强风界定为热带气旋（也称为飓风、气旋或台风，具体名称取决于事发海域）。但是如今，这些热带气旋往往根据萨菲尔-辛普森飓风量级表对其严重程度进行划分，尤其是那些发生在北大西洋的飓风。

通过简单的风向标测量可以获知风向，当然，有些早期的例子众所周知。例如雅典的风塔，它建于公元前50年左右（或更早），其法螺形的风向

用于海洋的蒲福风级

风级	描述	海 洋 状 况	m/s	n	km/h	mile/h
0	无风	海面如镜	0.0～0.2	<1	<2	<1
1	软风	泛起涟漪；没有浪峰或泡沫	0.3～1.5	1～3	2～6	1～3
2	轻风	具有平滑浪峰的小型小波	1.6～3.3	4～6	7～11	4～7
3	微风	大型小波；一些击碎的浪峰；几朵白浪	3.4～5.4	7～10	12～19	8～12
4	和风	小波浪；白浪频频出现	5.5～7.9	11～16	20～30	13～17
5	清风	温和的长波浪，许多白浪；一些水沫	8.0～10.7	17～21	31～39	18～24
6	强风	一些大波浪；延伸的白沫浪峰；一些水沫	10.8～13.8	22～27	40～50	25～30
7	疾风	海堆；风中吹动的泡沫条	13.9～17.1	28～33	51～61	31～38
8	大风	长而高的波浪；浪峰分解为浪花；显著的长条泡沫	17.2～20.7	34～40	62～74	39～46
9	烈风	高高的波浪；风中的密集泡沫；浪峰倾覆并翻滚；水沫影响了能见度	20.8～24.4	41～47	75～87	47～54
10	狂风	具有突出浪峰的较高波浪；密集吹动的泡沫，海面呈白色；强烈翻腾的海水，能见度差	24.5～28.4	48～55	88～102	55～63
11	暴风	极高的波浪隐藏了小船只；海面覆盖着许多块长长的白沫；波浪吹起了泡沫；能见度受到严重影响	28.5～32.6	56～63	103～117	64～73
12	飓风	空气中充满了泡沫与水沫；能见度极差	≥32.7	≥64	≥118	≥74

用于陆地的蒲福风级

风级	描述	陆 地 状 况	n mile	n	km/h	mile/h
0	无风	烟雾垂直上升	0.0～0.2	below 1	below 2	<1
1	软风	烟雾显示了风向，而非风向标	0.3～1.5	1～3	2～6	1～3
2	轻风	能感觉风拂过面颊；留下沙沙声；风向标朝风转向	1.6～3.3	4～6	7～11	4～7
3	微风	风吹动叶子和树枝；吹开小旗帜	3.4～5.4	7～10	12～19	8～12
4	和风	尘土和纸片飞扬；小树枝摇动	5.5～7.9	11～16	20～30	13～17
5	清风	带叶的小树开始摇晃；内陆水域出现具有浪峰的小波	8.0～10.7	17～21	31～39	18～24
6	强风	大树枝摇晃；电话线呼呼作响；难以撑伞	10.8～13.8	22～27	40～50	25～30
7	疾风	整棵树都在摇晃；难以逆风行走	13.9～17.1	28～33	51～61	31～38
8	大风	树枝折断；难以行走	17.2～20.7	34～40	62～74	39～46
9	烈风	建筑物会有轻微的结构损坏；烟囱罩、瓷砖和天线都会移动	20.8～24.4	41～47	75～87	47～54
10	狂风	树木连根拔起；建筑物的大量损坏	24.5～28.4	48～55	88～102	55～63
11	暴风	所有建筑物都会遭到普遍损坏	28.5～32.6	56～63	103～117	64～73
12	飓风	普遍的摧毁；唯独特殊构造的建筑物能幸免于难	≥32.7	≥64	≥118	≥74

标可以用来分辨八种风型。

风力的测量难度更大。据说虽然达芬奇是压板风速计的发明者（他的画作中出现了这一仪器），但是事实上，所知最早的压板风速计是由里昂·阿尔贝蒂（Leone Battista Alberti）于1450年所设计。

如今，杯型和风车型风速计广泛投入使用，它们通常是以风向计的形式，将螺旋桨和风向标结合在一起，使螺旋桨顶着风。这两种形式的风速计供一般入门级的业余爱好者使用，在更为复杂的自动气象站里也可以看见它们。另一种类型的风速计是热线型风速计，它们的电线受热后，温度高于周围气温，空气在上方吹过后，电线会冷却下来。温度下降引起导线电阻的改变，提供适当的电信号。

还有许多其他形式的风速计。声波风速计利用从传感器到接收器的超声波传播，以确定两者之间的空气运动，并用来测量三维空间里的气流。声共振风速计可以确定调整谐振腔的风速。激光风速计依靠气流内自然或人工粒子所产生的背散射光获取风速。有种较为敏感的风速计是压管风速计，通过获取迎风的开口管道与孔隙透气的闭口管道之间的气压差确定风速。（用于测量飞机空速的皮托管也采用了相似原理。）

绘图观测

每个气象站都会使用一套标准化的方法和符号，对各个仪器的数据（以及许多其他形式的信息，这些信息没有专门提及）进行绘制。这些气象站点图反映了特定观测时间里的整体情

左图　如今仍可见于雅典的残余风塔。雕带里代表八种风的雕刻中，有两种仍然清晰可见
（维基共享媒体）

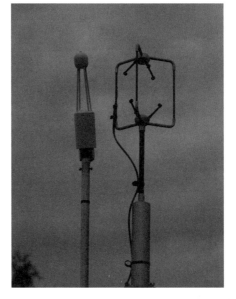

左图　典型的超声波风速计，它可以判定三维空间里的空气运动。图中可以清楚看见三个传感器和接收器
（作者）

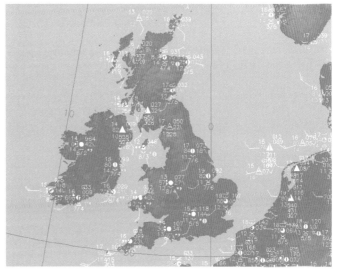

下图　2007年7月7日当地时间15时，英国气象局发布的站点观测图。当前的站点图可见于网站：http://www.metoffice.gov.uk/education/teachers/latest-weather-data-uk
（英国气象局）

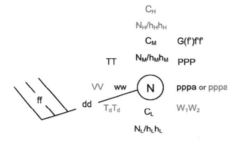

右图　陆地站点图分解（左），旁边所示的是实际站点图（右）（英国气象局）

下图　澳大利亚有关英国图表的联机归档里的示例图表。灰色线条显示的是气流的流线（注意箭头）。档案网址位于：http://www.australianweathernews.com/sitepages/charts/611_United_Kingdom.shtml（澳大利亚天气新闻网）

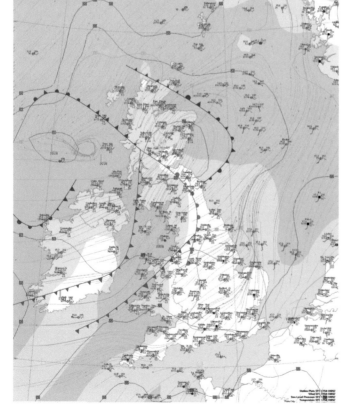

况——它们都是天气的综观图。这幅图为不列颠群岛和欧洲的一部分典型站点图。

站点图

（由计算机绘制的）这些站点图现在广泛出现于互联网上，对任何特定时间里大范围区域内的天气，提供了有用的信息，其中，风、气压和当前天气信息也许是人们最感兴趣的内容。然而，由于各种因素，气象站点图——尤其是那些覆盖多个国家的站点图，其内容往往十分多变，这取决于负责制订图表的不同国家气象组织。英国气象局使用不同的符号来区分各种类型的气象站点（人工站点、自动站点等），但其他一些组织却并不会采用同样的方式。他们可能会使用不同的基本站点符号，或采用不同的颜色表示站点图数据。也许这些站点图的最大局限在于，所示站点在不同的站点图上可能具有很大的差别。此外，有些个别测量可能会忽略一些单独的气象站点图。出现这一情况是因为，没有进行适当的观测，或是因为数据在传输至气象局数据中心的过程中出现错误。然而，值得注意的是，所有实际使用的符号和代码（它们的定位相对于站点来说是个"圆圈"）都由国际协议管控，所以它们保持不变。此处的站点示例图遵循的是英国气象局的惯例方式。

分析图表

除了产生气象站点图以外，全球通讯系统的传播数据如洪水般涌入数值天气预报（NWP）系统的强大计算机内，经过其处理，产生某一特定时间里的大气状态模型。像天气图表（分析图表）这样用直观形式呈现的信息，在大多数情况下，显示了地面气压（以等压线的形式）以及锋面系统。一些气象局，如澳大利亚气象局，虽然没有发布等压线图，却把站点图与锋面系统的描述及其他数据结合在一起。

预测图表

近年来，性能强大的超级计算机投入使用，为气象预测带来了极大的发展。精准预测取得了一定的进展，其时间跨度从几个小时或一天延长至好几天，气象局对此信心十足。例如，英国气象局经常对未来四天的天气进行预报。随着计算方法（以及性能更强大的计算机）的逐步改良，整体精确度正进一步提高，所覆盖的时段逐减得以扩展。

虽然各个气象局之间的计算方法略有不同，但是数值天气预报的基本步骤都包括了一组方程式的运用，这组方程式可以计算出在大气模型里的既定时间间隔内许多基本参数（如气压、温度、湿度、风速和风向）将会出现的变化。一般的时间间隔为15分钟，在对特殊时段内的天气作出专门预测时，需要提前进行计算步骤。典型的预测时段从几小时到几天不等。

源自气象观测站的天气报告，可以用于获取各个元素的适当数值，这些元素分布于全球范围内和多层大气的网格点中。当然，理想状态下的观测站位于世界各地的精准间隔网格里，但是很显然，已知数据中不可能正好插入这些网格点数值。这显然给这些方程式的输入数值带来了一定的不确定性。（正是爱德华·洛伦兹所描述的这种不确定性和其他因素形成了混沌理论的基础。）

欧洲中程天气预报中心（ECMWF）在英国所使用的数据读取方式，可以作为数值天气预报的典型例子。该中心所作出的预测被视为目前最准确的气象预测。（这个国际中心获得了20个欧洲国家的支持，它与另外14个欧洲国家和7个国际组织签有合作协议。）欧洲中程天气预报中心的某个全球模型，其网格间隔约为16千米和91色阶。（另一个新模型将使用137色阶。）因而这个模型可

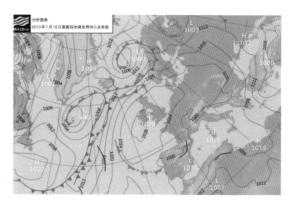

上图 2013年7月18日协调世界时的0点，英国气象局所准备发布的典型分析图表。当前的图表可见于网站：http://www.metoffice.gov.uk/public/weather/surfacepressure/#?\tab=surfacePressure
（英国气象局）
L：低压 H：高压

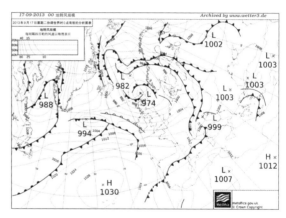

上图 德国档案网站上获取的英国气象局分析图表样本，网址为 http://www.wetter3.de/Archiv/archiv_ukmet.html，自2006年10月11日起，就可以在该网站获取各种各样的气象记录
（DWD）
N：北纬 L：低压 H：高压

以预测整个大气 194 804 064 个网格点里的温度、湿度和风力。在进行气象预测的15分钟步骤里，每一步的输出数据将会用作下一步的输入数据。每日预测、三日预测和十日预测都采用了这种方法。未来更长时段的气象预测使用了较粗的网格（80 km），同样对十天的天气作出总体预测时，会使用不同的程序来评估它们的准确性。全球波浪预测使用55 km的网格，而欧洲水域的波浪预测则采用近27 km的网格。

第十四章
观测技术

在观测云层和其他天气现象时，有些简单技巧通常很管用。第一点似乎显而易见，就是最大程度上减弱太阳（偶尔或是月亮）的眩光。通过将太阳或月亮隐藏于某些适当物体的背后，或简单用手挡住光，都可以做到这一点，这点对拍照来说也很重要。增加云层和天空的对比度也会起到一定的作用。可以使用普通的太阳镜，镜型太阳镜（镜像）尤其管用。观察云朵在水池里的影子，或黑暗中现代建筑物的反光玻璃，也会有很大帮助。然而，最有效的方法是使用偏光材料。试图获取两小片偏光镜（通常是塑料材质）。一片偏光镜（或一个相机偏光过滤器）本身可用于减弱眩光，增加云层和天空的对比度。两片偏光镜结合起来，可以减少通过的光线量，镜片会从几乎透明到完全遮挡住光线。（从水面或其他表面的反射光往往会部分极化，这是观察方法起效的原因之一。）在拍摄云层时，合适的偏光镜几乎必不可少。

有项技术是使用双筒望远镜观察云层，这看上去太过简单，不会有什么用。事实上，例如通过呈现上升环流圈的顶部运动，它们能够让你看到云的形成，也可以显示出可能错过的微小细节。使用望远镜观察荚状云，往往会看到云在逆风边缘的形成和在顺风面的分散。同样地，使用双筒望远镜可能更容易确定积雨云会在何时变成秃状云，然后又在何时继续转化为鬃状云。鬃状云一旦出现，你就会明白很快便会产生降水。双筒望远镜也将有助于探测到所谓的"跳卷云"，当积雨云的部分过冲云顶突然崩落回云层时，这种卷云便会向上飙升。由于只有在离云层较远时，过冲云顶本身才会清晰可见，因而额外的放大显得十分必要。

然而，有一点需要记住的是，在太阳附近使用双筒望远镜（或任何光学仪器）极其危险，当然，千万不要用它们来观察太阳。即使太阳在接近地平线，看上去呈红色时，其光线极大减弱，但它仍会产生不可见的有害红外辐射，当使用光学仪器将这些红外辐射集中于视网膜时，会造成对视网膜的损害。只有通过适当的设备或使用专门的光学滤镜，才能观测太阳。

测量角度

天空角度的估量往往很有用。例如，云层元素里所包含的角度，决定了卷积云、高积云或层积云这些分类云层间的差异。有种方法是伸直手臂，拿着一把以厘米为单位的尺子。1厘米的宽度约为1°。（一把12 in的尺子略长于300 mm或30°：这一测量对于确定云层类型非常有用。）如果没有可用的尺子，那就再次伸直手臂举起手，形成一个估量角度的便捷方式，得到的结果惊人地准确。

1°	指尖的宽度
2°	拇指的宽度
7°	四个指关节的宽度
10°	紧握拳的宽度
22°	张开手指的跨度（从拇指到小指）

一些气象现象的角度大小：

0.5°	太阳或月亮的直径

1°或以下	海拔30°的卷积云宽度
1°～5°	海拔30°的高积云宽度
10°或以上	海拔30°的层积云宽度
22°	原生晕（内部）的半径
30°	界定云层类型的海拔
42°	主虹的半径
46°	次生晕（外部）的半径
52°	副虹（外部）的半径

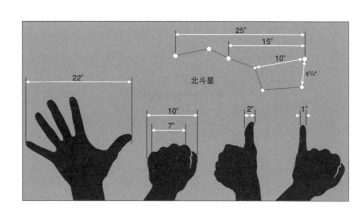

某种程度上，彩虹的半径变化取决于相关的特定颜色。根据颜色的不同，冰晶光晕的半径略微不同，但这种差异极其微妙，不易察觉。

如果在晚间进行观测（夜光云、极光、月虹或光晕），在北面的天空可以看见北斗星，繁星之间的分隔也可用于角度指引。

上图 伸直手臂举起手是获取天空大致角度的有效方式。如果是在晴朗的夜晚，也可以利用北斗星繁星之间的距离测量角度（伊恩·穆尔斯）

业余气象站

近年来，出现了许多不同形式的自动气象站，这些气象站适合业余使用，其形式涵盖了入门站到高级站。其中，倘若高级站得以适当安装和校准，它便能生成可靠的数据，输入到官方国家气象局的数据库里。

左图 便宜的"入门级"自动气象站，它能无线连接触摸屏显示器，该气象站可以与计算机进行连接（马普林，Maplin）

上述所有的气象站系统（包括最便宜的入门级气象站）通常都会记录气温、湿度、气压、降雨、风速和风向信息。在进行天气预测时，这些全都是需要考虑的必要因素。因此，相比较为便宜的入门级气象站系统，越是昂贵的系统，其数据往往越精确，其测量通常更一致，其寿命也可能更长久。

在"国内的"情形下，最大的问题可能是天气站系统的选址问题。除了零

左图 安装好的入门级自动气象站系统。需要注意的是雨量计的大小和形状（矩形的小塑料盒）（作者）

右图 "简易的"自动气象站系统。尽管此处无法看见一些细节，但是雨量计的确有个圆孔，在其顶部有个塑料漏斗
（戴维斯仪器，Davis Instruments）

右图 "半专业化的"自动气象站系统，它具有有线与无线两种形式。较大的圆孔雨量计的设计更令人满意
（戴维斯仪器）

星几个地点外，将风速计和风向标放置在10 m的理想（和推荐）高度上，可能十分不切实际。在高度较低的位置，由于建筑物、树木、花园围墙和其他障碍物的干扰，测量可能会受到严重影响。所有测量都可能会表现出巨大差异，只能显示出大致的实际情形。

所有业余或半专业化的自动气象站，都包含某种形式的倾斗式雨量计，按照一般的经验来说，这是效果最差的仪器，甚至在一些"半专业化"的自动气象站里也是如此。传统（斯诺登）形

右图 "经典的"斯诺登雨量计，它有着机器精确加工的锋利边沿
（作者）

式的雨量计会提供更为一致的数据结果，它具有一个机器切割边缘非常精准的圆形收集孔，从而精确确定了它的直径。使用测量量筒就能手动读取雨量数据。

当然，在理想情况下，这些气象站系统全都应该对公认精确的仪器进行定期校准，以此来避免传感器和电子仪器的误差。当收音机或电视天气预报表示，设置气压计的理想条件已经形成，这个时候便可以读取气压数据了。最近，由于禁止了水银气压计和温度计的使用，温度校准变得更加困难。最新设计的温度计名为"西克斯温度计"，它显示了当前温度，它还可以在上一次的复位后通过指针显示出合理精确的最大值和最小值，但它也得依靠汞柱的运用。人们曾试图寻找一种替代液体，但似乎行不通。过去记录最低温度的"官方"温度计使用的是酒精而非水银，这种设计在低温下也能确保数据的准确性。如果观测者对于精确读数的获取极为认真，那么某种形式的校准就显得十分必要了。据发现，温度传感器在其部分额定范围内，读数时"高"时"低"，湿度测量有时会令人质疑。就拿某个案例来说，浓雾意味着传感器单元很难看到20米左右的距离。气温明显低于露点，而相对湿度显示为91%，而不是100%。

各种各样的软件程序都可以显示和保存自动气象站的数据，有些软件程序还涵盖了观测者个人网站里的数据显示模板。也可以将数据提交至各种组织，其中最有名的要数英国气象局创立的在线天气网（WOW）。气候观测者网站（COL）也会整理一些业余的观测，并会对数据进行月度总结。

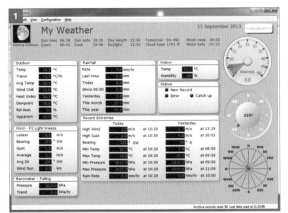

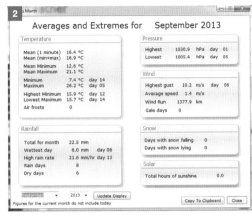

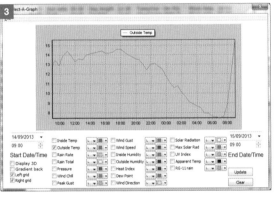

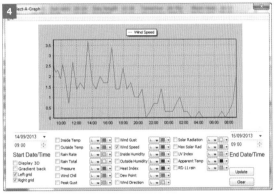

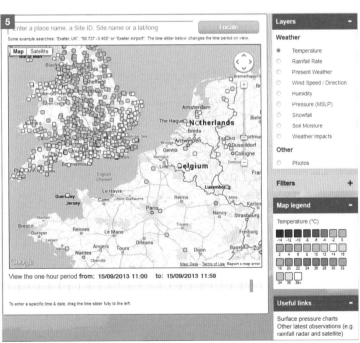

1. 自动气象站系统的典型数据显示（此处使用的是"积云"软件）
（积云软件，Cumulus software）

2. 2013年9月前半月的平均值和极值
（积云软件）

3. 从2013年9月14日世界时9点至15日9点的全日风速
（积云软件）

4. 从2013年9月14日世界时9点至15日9点的全日户外气温
（积云软件）

5. 气象局"在线天气网"（WOW）的典型屏幕显示，该网址为：http://wow.metoffice.gov.uk
（英国气象局）

第四部分

术语表

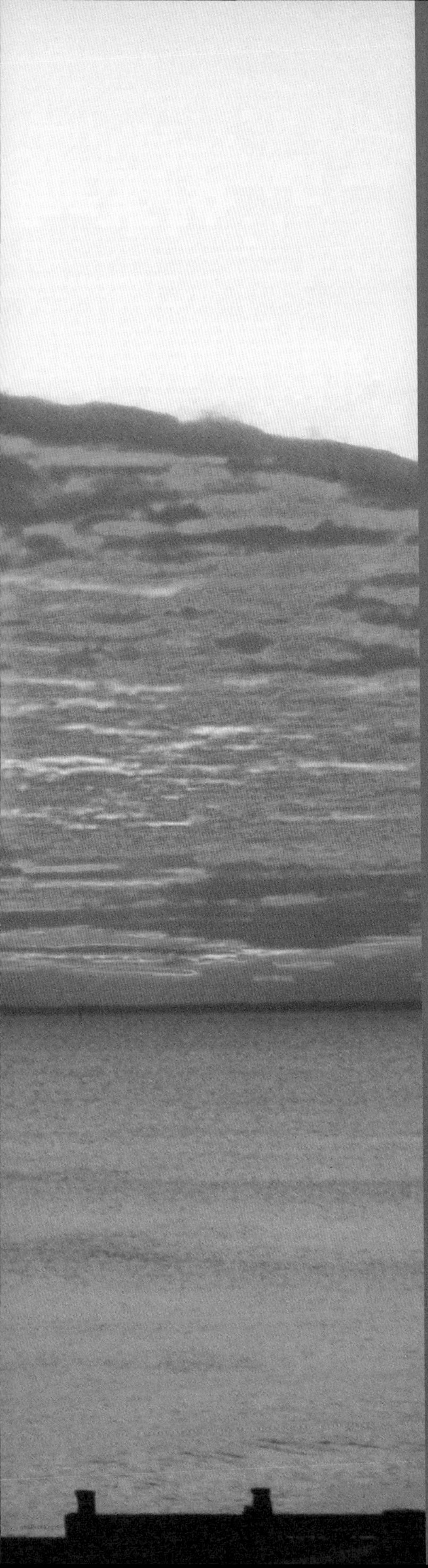

左图　一片层状高积云，位于一个向东（左）减弱的低气压后方，被夕阳照耀得发红，拍摄于3月初。
（作者）

术语表

绝热——没有热量的增减。大气中的气团通常会上升和下降，但是不会与周围的物体产生热量交换。

浮质——悬浮在大气里的一切微小固体或液体粒子。

气团——某段时间内在全球某片区域上空保持固定不变，具有特定温度和湿度等具体特征的一团空气。当它最终离开源区域时，它往往还是会保持自身的温度与湿度，并会在很大程度上影响途经区域的天气。

上滑（升）的——向上移动。这一术语常用于风（例如谷风）或锋面系统的空气。

反气旋——从较高海拔处下沉空气的源头高压区，空气从此处流向周边区域的上空。在北半球，反气旋以顺时针方向进行环流。

反气旋的——当空气绕着反气旋进行环流时，会在同一方向上移动或弯曲。也就是说，它在北半球呈顺时针方向运动，在南半球则呈逆时针方向运动。

对日点——天空中正对着太阳位置的那一点。

逆转——风向发生的逆时针变化，也就是说，风向是自西向东，经过南方。

蒲福风级——描述风速的一组数值范围，从0级：无风；1级：1～3 kn（0.3～1.5 m/s或1～3 mph），到12级的64 kn以上（大于33 m/s或73 mph）。

摄氏度——表示温标的正确术语，水的冰点和沸点分别为0℃和100℃。

气压谷——平缓的气压区，位于一组低压中心与一组高压中心之间。气压的微小变化可能会引起气压谷的迅速移动或消失。

大陆性气候——内陆的典型气候，它具有冬天极寒、夏天极热的特征。同时，它的年降水总量往往较小。

对流——由空气或水这样的流体运动造成的热量转移。在大气中，这种运动多数垂直进行。有两种形式的对流：一种是"自制对流"，气团或"气泡"受到浮力影响，作自由的垂直运动；另一种是"强制对流"，空气受到涡流的影响，被机械地混合在一起。

科里奥利力——由地球自转引起的表观力，它会使一切运动物体（例如气团）偏离直线的运动路径。在北半球，它向右作用，在南半球，则向左作用。它会相应提高运动物体的移动速率。

气旋——在该系统内，空气围绕低压核进行环流，它具有两种不同的类型：1）"热带气旋"，一个自持的热带风暴，也被称作飓风或台风；2）"温带气旋"或低压区，它是温带的主要天气系统之一。

气旋的——当空气绕着气旋流动时，会在同一方向上移动或弯曲。也就是说，它在北半球呈逆时针方向运动，在南半球则呈顺时针方向运动。

低压区——表示低压区域时最常用的术语。空气流进低压区，并在低压区中心上升。专业上称之为"温带气旋"。低压区周围的风环流就是气旋（在北半球呈逆时针方向运动）。

露点——使某个具备特定湿度的气团达到饱和度的温度。到达露点时，水蒸气将开始凝结成水滴，从而产生云、薄雾或尘雾，或将露水沉降到地面上。

焚风——在山的背风面下降的干热风。由于它在迎风坡将大部分湿度变成了降水，它比山脉背面的普通风更为温暖干燥。

地转风的——这个术语适用于流向平行于等压线的风。这种位于较低云层高度（600 m或2 000 ft）的风大约相当于地转风。

飓风——具有潜在破坏性的热带气旋的名称之一，用于北大西洋和东太平洋。

不稳定性——在这种情形下，如果气团上下移动，它往往会继续（甚至加速）它的运动。与之相反的情况就是稳定性。

逆温——在某一大气层里，随着高度的上升，气温保持不变或随之上升。

等压线——在气象图中，连接具有相同气压的点而形成的一条线。

急流——一条高速风的窄带，离对流层顶很近，在南北半球各有两股主要的急流（极锋急流和亚热带急流）。在热带地区与更高海拔区域也存在着其他的急流。

下滑的——向下移动。主要用于表示从高地一扫而下的下降风（下坡风），通常是高地上空的低温促使了这种风的形成。这一术语也适用于某些锋面系统的空气运动。

开尔文——一种热量单位（K），用于表示以绝对零度（-273.15℃）作为起始温度的温度范围。气温以开尔文单位表示（如300 K），不能用"°K"表示。

温度直减率——温度随着上升的高度而产生变化的速率。按照惯例，当温度下降时，温度直减率为正；而当温度随高度的上升而上升时，温度直减率为负。

潜热——当水蒸气凝结成水滴或冻结成冰晶时所释放的热量。这一过程需要经历最初的蒸发或融化。

海洋气候——一种气候类型，受到区域邻近海洋的强烈影响。通常这种气候特征表现为全年都会产生大量降水，但冬季通常较为温暖，夏季几乎不会出现极高气温。

假日——由一个明亮的光点组成的光晕现象，通常它具有淡淡的色彩和一条白尾。它与太阳位于同一海拔上，并与太阳约呈22°角。专业上称之为"幻日"。

山风——夜间沿着山谷吹动的风，由于较高处的空气比较封闭谷地的空气冷却得更快，因而会出现这一现象。

中尺度——范围为80～250 km的大气

下图 英国气象局天气预报图，该图依据第151页分析图表所示的情形，提前24小时对天气作出预测。也就是说，所预报的是2013年7月19日世界标准时0点的天气（英国气象局）

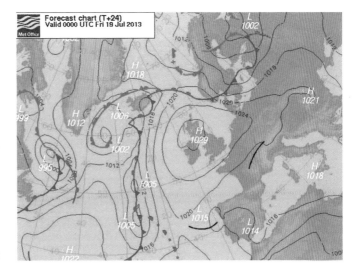

现象。由于它们太小，因此无法在天气图上进行充分研究，但是可以用卫星仪器和雷达系统对其展开研究。

中间层——平流层上方的大气层，这里的气温会随着高度的上升而下降，并在中间层顶达到大气的最低温度，中间层顶的海拔约为86或100 km（具体海拔取决于季节和纬度）。

锢囚锋——低压系统的锋面，暖空气在此处挪离地面，同时又遭到冷空气的削弱。然而，此锋面仍是云和降水的重要源头。

幻日——专业术语称之为假日。

降水——专业术语中，将大气中所储存的一切固态或液态水降至地面的现象称为降水。它不包括云滴、薄雾、尘雾、露、霜和雾凇，以及幡状云。

气压趋势——此前三个小时里的气压变化。

相对湿度——空气中的含水量，如果空气在特定温度下完全饱和，通常就会以空气含水量的百分比形式来表示。

高压脊——高压区的延伸，从而产生近似V形的等压线，从气压中心延伸出去。

稳定性——在这种情形下，如果气团上

下移动，往往会回到它原来的位置，而不是继续运动。

平流层——地面向上的第二个主要大气层，在其内部，气温最初会保持平稳，但随后会随着高度的上升而上升。它位于对流层和中间层之间，较低边界约为8～20 km（取决于纬度），较高边界约为50 km。

过冷——指尽管温度低于其名义上的凝固点——0℃，但是水可能仍旧呈液态。通常由于缺乏适当的冻结核而发生，这一现象频繁出现于大气中。过冷水在−40℃（−40℉）的温度下会自然冻结起来。

天气图——该图表显示了在某个特定时间内的不同观测站里观测到的指定属性（如气温、气压和湿度等）的数值。

天气尺度——为200～2 000 km范围内的天气现象，因而它在天气现象的规模上居于中尺度和行星尺度之间。

上升暖气流——一团脱离了地面热表面的上升气泡。在一定的条件下，上升暖气流会一直上升至凝结高度，在那里，水蒸气会凝结成水滴，从而形成云层。

对流层顶——将对流层与上覆平流层隔开的逆温层。它的海拔在南北两极的约8 km到赤道上空的18～20 km之间变化。

对流层——大气的最底层区域，大多数的天气和云层都在这里产生。在对流层内部，气温随着高度的上升而整体下降。

低压槽——低压区的细长延伸，促使一组等压线约呈V形分布，从低压中心延伸出去。

谷风——白天沿着山谷往上吹的风，依靠斜坡上方空气的较大热量驱动，它将低处的空气向上吸引。与之相对的是夜

下图　英国气象局天气预报图，该图依据151页分析图表所示的情形，提前48小时对天气作出预测，也就是说，所预报的是2013年7月20日世界标准时0点的天气（英国气象局）

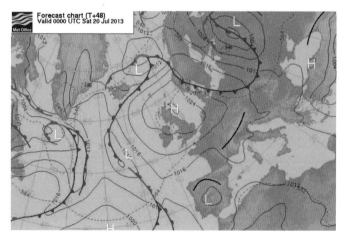

Forecast chart (T+48)
Valid 0000 UTC Sat 20 Jul 2013
Met Office

间的山风。

顺转——风向发生的顺时针变化，也就是说，自东向西，经过南面。

幡状云——来自云层不会降至地面的降水轨道（如冰晶或雨滴），会在云层与地面间融化并蒸发于较为干燥的空气里。

风寒——指皮肤受到风的影响流失热量。哪怕中度风寒引起的热量流失，也与无风环境下的较低温所流失的热量一样多。

风切变——随着位置的改变，风向和风力所产生的变化。例如，倘若风力随着高度的上升而变大，就可以将其界定为垂直风切变。如果在某一特定高度上，风力随着风的运动而发生变化，就可以称其为水平风切变。

天顶——天空中垂直对着观测者头部上方的那一点。